大学本科小学教育专业教材编写委员会

顾　　　问	顾明远　吴履平　马　立
主 任 委 员	刘新成　马云鹏　殷忠民
副主任委员	（以汉语拼音字母为序）
	康学伟　李全顺　刘国权　刘立德
	王万良　王智秋　杨宝忠
委　　　员	（以汉语拼音字母为序）
	黄海旺　金祥林　康学伟　李全顺
	刘国权　刘克勤　刘立德　刘新成
	马云鹏　曲铁华　唐京伟　王保才
	王万良　王智秋　杨宝忠　叶宝生
	殷忠民　张启庸　赵宏义
秘 书 长	王智秋
秘　　　书	叶宝生

本书编写人员

主　　编	王进明
撰　　稿	（以汉语拼音字母为序）
	高思伟　刘　莹　王进明
特 约 审 稿	张君达

大学本科小学教育专业教材编审委员会

主 任 委 员 吕 达 王 岳
副主任委员 （以汉语拼音字母为序）
　　　　　　　葛振江　刘立德　唐京伟　王 莉
　　　　　　　魏运华　邢克斌　于兴国
委　　　员 （以汉语拼音字母为序）
　　　　　　　葛振江　黄海旺　刘立德　吕 达
　　　　　　　唐京伟　王 莉　王 岳　魏运华
　　　　　　　邢克斌　于兴国　诸惠芳　邹海燕
秘 书 长 刘立德
秘　　　书 韩华球

丛书责任编辑 刘立德
本书责任编辑 李 冰
审　　　稿 王 岳

大学本科小学教育专业教材

初等数论

王进明　主编

人民教育出版社

·北京·

图书在版编目（CIP）数据

初等数论/王进明主编.—北京：人民教育出版社，2002（2024.7 重印）
大学本科小学教育专业教材
ISBN 978-7-107-15889-6

Ⅰ．初…　Ⅱ．王…　Ⅲ．初等数论—高等学校—教材　Ⅳ．O156.1

中国版本图书馆 CIP 数据核字（2002）第 062569 号

大学本科小学教育专业教材　初等数论

出版发行　人民教育出版社
　　　　　（北京市海淀区中关村南大街17号院1号楼　邮编：100081）

网	址	http://www.pep.com.cn
经	销	全国新华书店
印	刷	北京天宇星印刷厂
版	次	2002 年 12 月第 1 版
印	次	2024 年 7 月第 21 次印刷
开	本	890 毫米 × 1240 毫米　1/32
印	张	7.25
字	数	183 千字
印	数	113 001～118 000 册
定	价	11.20 元

版权所有・未经许可不得采用任何方式擅自复制或使用本产品任何部分・违者必究
如发现内容质量问题、印装质量问题，请与本社联系。电话：400-810-5788

大学本科小学教育专业教材

总　　序

为了适应社会主义现代化建设和人民群众对教育需求不断增长的新形势，经国家教育部批准，全国各地相继成立了以培养大学本科学历小学教师为主要任务的初等教育学院（系），大学本科小学教育专业应运而生。该专业的设立是我国初等教育改革和发展的需要，是提高我国小学教师素质的重要举措，也是我国师范教育改革和发展的必然趋势。

《中共中央国务院关于深化教育改革全面推进素质教育的决定》指出：建设高质量的教师队伍是全面推进素质教育的基本保障。目前，培养小学教师的现行课程、教材和教法，已不能完全满足全面推进素质教育的客观要求，受到了前所未有的挑战。新的课程教材建设势在必行。鉴于此，教育部师范教育司组织有关高等学校成立了"面向21世纪培养本科程度小学师资专业建设研究"的全国性总课题组，制订了大学本科小学教育专业培养目标和课程方案，在此基础上形成了"全国小学教育专业建设协作会"，对该专业课程教材建设进行了深入研究。

为了加强对教材编写工作的管理，教育部师范司、教育部课程教材研究所及有关高师院校的领导和专家组成了"大学本科小学教育专业教材编写委员会"。中国教育学会会长顾明远、教育部课程教材研究所原所长吴履平、教育部师范司司长马立为编写委员会顾问，首都师范大学副校长刘新成等为编写委员会主任委员。编写委员会聘请具有丰富教学经验和较高学术水平的学科带头人分别担任各科教材主编，并聘请知名专家审核编写大纲和初稿。为了加强对这套教材编审工作的领导、协调和统筹，人民教育出版社还成立了"大学本科小学教育专业教材编审委员会"。

本套教材的编写以"教育要面向现代化，面向世界，面向未来"为指针，以党和国家的教育方针以及大学本科小学教育专业培养目标为依据，以思想性、科学性、时代性和师范性为原则，致力于培养未来小学教师的创新精神和实践能力，全面体现"大学本科程度"和"面向小学教育"的要求，力求建立合理的教材结构，以满足21世纪对新型小学教师素质结构的需要。

本套教材是从大多数地区的情况出发而编写的全国通用教材，主要供培养本科层次小学教师的高等院校使用，也可供培养专科层次小学教师的院校使用，还可供广大在职小学教师进修或自学使用。这套教材由人民教育出版社于新世纪第一年开始陆续推出。

本套教材的编写出版得到了教育部师范教育司、高等教育司、社会科学研究与思想政治工作司、课程教材研究所、人民教育出版社，以及部分省市教委（教育厅）和有关高等院校的领导和同志们的大力支持，谨在此一并致谢。

编写出版大学本科小学教育专业系列教材，是我们贯彻国家教育部师范教育课程教材改革精神、全面落实《面向21世纪教育振兴行动计划》的初步尝试，如有不当之处，敬请广大师生不吝指正，以使本套教材日臻完善。

大学本科小学教育专业教材编写委员会
2000年12月

说　　明

初等数论是大学本科小学教育专业理科类必修课程，教学总时数为48课时。本课程主要研究整数最基本的性质。整除理论是初等数论的基础，其中心内容是算术基本定理和最大公约数理论，本书第一章就是讨论整除理论。同余理论是初等数论的核心，它是数论所特有的思想、概念与方法，本书第二章与第三章较全面地介绍了同余理论的基本知识。第四章用以上建立的整除理论和同余理论介绍了几类最基本不定方程的解法。本书最后一章对一个十分有用的工具——连分数作了简单的介绍。

本书的内容既突出了培养小学教师的师范专业特点，又体现了大学本科教育的需要。编写人员及分工如下：第一章由王进明编写，第二章、第三章由高思伟编写，第四章、第五章由刘莹编写。

由于时间仓促，水平有限，疏漏之处在所难免，敬请广大读者不吝赐教。

《初等数论》编写组
2001年5月

目　录

第一章　整数的整除性 …………………………………………（1）
§1.1　整除 ………………………………………………………（1）
§1.2　质数与合数 ………………………………………………（19）
§1.3　最大公约数与最小公倍数 ………………………………（30）
§1.4　算术基本定理 ……………………………………………（51）
§1.5　数的进位制 ………………………………………………（66）
§1.6　高斯函数 …………………………………………………（77）
§1.7　费马(Fermat)数　梅森(Mersenne)数　完全数 …（102）

第二章　同余 ……………………………………………………（113）
§2.1　同余的定义及基本性质 …………………………………（113）
§2.2　剩余类与剩余系 …………………………………………（120）
§2.3　欧拉定理 …………………………………………………（129）
§2.4　循环小数 …………………………………………………（135）

第三章　同余方程 ………………………………………………（147）
§3.1　一次同余方程 ……………………………………………（147）
§3.2　一次同余方程组 …………………………………………（158）

第四章　不定方程 ………………………………………………（171）
§4.1　一次不定方程 ……………………………………………（171）
§4.2　商高不定方程 ……………………………………………（186）

第五章　简单连分数 ……………………………………………（199）
§5.1　有限连分数与有理数 ……………………………………（199）
§5.2　无限连分数与无理数 ……………………………………（210）

第一章 整数的整除性

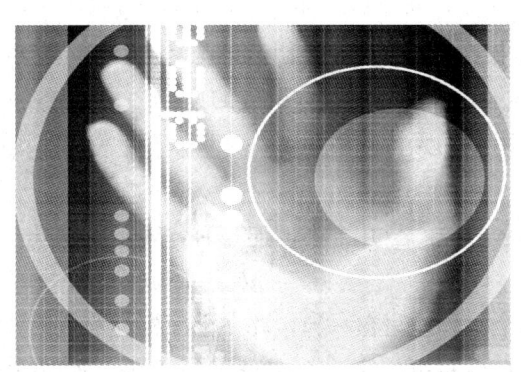

初等数论是研究整数最基本性质的一门十分重要的数学基础课程.

整除理论是初等数论的基础,其中心内容是最大公约数理论和算术基本定理,本章重点讨论整除理论. 首先从数论的最基本概念——整除出发,讨论奇数、偶数的有关性质,引入带余除法和质数、合数概念,介绍质数的基本性质、最大公约数与最小公倍数的有关性质与理论,进而证明算术基本定理并研究辗转相除法,最后介绍 k 进制数、高斯函数、费马数、梅森数、完全数.

§1.1 整 除

1. 整数

自然数,就是我们所熟悉的

$$0, 1, 2, 3, \cdots, n, n+1, \cdots$$

我们用 **N** 表示全体自然数组成的集合.

整数就是指正整数、负整数与零,即

$$\cdots, -n-1, -n, \cdots, -1, 0, 1, \cdots, n, n+1, \cdots$$

我们用 **Z** 表示全体整数组成的集合,用 $\mathbf{N}_+$ 表示全体正整数组成的集合,$\mathbf{Z}_+$ 表示非零整数组成的集合.

以后如无特殊声明,

$$a, b, c, \cdots \text{ 或 } \alpha, \beta, \gamma, \cdots$$

均表示整数. 当几个字母连写时,表示将这几个字母连乘起来,如

$$abc = a \cdot b \cdot c.$$

当几个字母连写在一起,并在上面标注横线时,每个字母均代表数字,且最左边的第一个字母不能为零,如 $\overline{abcde}$ 表示个位、十位、百位、千位、万位的数字分别为 e, d, c, b, a 的一个五位数,且 $a \neq 0$. 一般有

$$\overline{a_n a_{n-1} \cdots a_2 a_1 a_0} = \sum_{i=0}^{n} a_i 10^i = a_n \times 10^n + a_{n-1} \times 10^{n-1} + \cdots + a_2 \times 10^2 + a_1 \times 10 + a_0$$

(a_i 全是 $0, 1, 2, \cdots, 9$ 中的数字,$a_n \neq 0$,$n \in \mathbf{N}$)

表示个位、十位、百位……分别为 $a_0, a_1, a_2, \cdots$ 的一个 $n+1$ 位数.

任意两个整数的和、差、积仍是整数,即整数集对加、减、乘法运算封闭. 但整数除以整除,其商不一定是整数,究竟在什么条件下两整数的商才是整数,这正是我们要研究的一个重要内容——整数的整除性.

2. 整除

定义 1.1 设 $a, b \in \mathbf{Z}$,$b \neq 0$,如果存在整数 q,使 $a = bq$,则称 a 能被 b 整除,或 b 整除 a,记作 $b \mid a$. 否则称 a 不能被 b 整除,记作 $b \nmid a$.

当 $b \mid a$ 时,称 a 是 b 的倍数,b 是 a 的约数. 当 $b \mid a$,且 $b \neq$

$\pm a$, $a \neq 0$, $b \neq \pm 1$ 时,称 b 为 a 的真(非显然)约数.

根据上述定义及整数的有关性质,可推出下列有关整除的性质.

定理 1.1.1

(1) $1 \mid a$, $b \mid 0$, $a \mid a$.

(2) 若 $a \mid b$, $|b| < |a|$, 则 $b = 0$.

(3) 若 $a \mid b$, 则 $-a \mid b$, $a \mid -b$, $-a \mid -b$, $|a| \mid |b|$; 反之亦然.

(4) 若 $a \mid b$, $b \mid c$, 则 $a \mid c$.

(5) x, y 为任意整数,若 $a \mid b$, $a \mid c$, 则 $a \mid (bx + cy)$; 反之亦然.

(6) 若 $m \neq 0$, 则 $a \mid b$ 的充分必要条件是 $ma \mid mb$.

(7) 若 $a \mid b$, $b \mid a$, 则 $a = \pm b$.

(8) 若 $a, b \in \mathbf{N}_+$, $a \mid b$, 则 $a \leqslant b$.

(9) 若 a 是 b 的真约数,则 $1 < |a| < |b|$.

证明:(1) $\because a = a \times 1$, $0 = b \times 0$, $a = a \times 1$,

$\therefore \quad 1 \mid a$, $b \mid 0$, $a \mid a$.

(2) $\because a \mid b$, $\therefore$ 存在整数 q 使得 $b = aq$, 即 $|b| = |a| \cdot |q|$.

$\because |b| < |a|$, $\therefore |a| \cdot |q| - |a| < 0$, 即

$$|a|(|q| - 1) < 0.$$

$\because |a| > 0$, $\therefore |q| < 1$.

$\because |q| \geqslant 0$, $\therefore q = 0$.

$\therefore \quad b = 0$.

(3) $\because a \mid b$, $\therefore b = aq$, 而 $aq = (-a)(-q)$, 故 $b = (-a)(-q)$, 则 $-a \mid b$;

$\because -a \mid b$, $\therefore b = (-a)q_1 = a(-q_1)$,

则 $a \mid b$.

（余略）

(4) $\because a \mid b, b \mid c$,

$\therefore b = aq_1, c = bq_2$, 即 $c = (aq_1)q_2 = a(q_1q_2)$. 故 $a \mid c$.

(5) $\because a \mid b, a \mid c$,

$\therefore b = aq_1, c = aq_2$.

$\because x, y$ 是整数,

$\therefore bx + cy = (aq_1)x + (aq_2)y$

$\qquad = a(q_1 x + q_2 y)$,

则 $\qquad\qquad\qquad a \mid (bx + cy)$.

反之，$\because a \mid (bx + cy)$ 且 x, y 是任意整数，取 $x = 1, y = 0$ 及 $x = 0, y = 1$, 则有 $bx + cy = b, bx + cy = c, \therefore a \mid b, a \mid c$.

(6)（必要性证明）

$\because a \mid b, \therefore b = aq$, 则

$mb = m(aq) = (ma)q$.

$\because m \neq 0, \therefore am \neq 0$, 则

$ma \mid mb$.

（充分性证明）

$\because ma \mid mb, \therefore mb = (ma)q = m(aq)$.

$\because m \neq 0, \therefore b = aq$, 则 $a \mid b$.

故 $m \neq 0$ 时，$a \mid b$ 的充分必要条件是 $ma \mid mb$.

(7) $\because a \mid b, b \mid a$,

$\therefore a = bq_2, b = aq_1$, 则 $a = (aq_1)q_2 = a(q_1 q_2)$.

$\because a \neq 0$,

$\therefore q_1 q_2 = 1$.

$\because q_1, q_2 \in \mathbf{Z}, \therefore q_1 = q_2 = 1$ 或 $q_1 = q_2 = -1$, 则 $a = b$ 或 $a = -b$. 故 $a = \pm b$.

(8) $\because a \mid b, \therefore b = aq$, 即 $|b| = |a||q|$.

∵ $a, b \in \mathbf{N}_+$, ∴ $b = a|q| > 0$.

而 $|q| \geq 1$, ∴ $a \leq b$.

(9) ∵ a 是 b 的真约数, ∴ $|a| > 1$.

∵ $a|b$, ∴ $|b| = |a||q|$.

∵ $b \neq 0$, ∴ $|b| > 0$.

由(8)知 $|b| \geq |a|$.

∵ $a \neq \pm b$, ∴ $|b| > |a|$,

则 $1 < |a| < |b|$.

定理得证.

定理 1.1.2 若 a, b 是给定的两个整数, 且 $b \neq 0$, 则一定存在唯一的一对整数 q 和 r, 满足 $a = bq + r$, $0 \leq r < |b|$.

证明:

(1) 当 $b > 0$ 时, 作整数序列

$$\cdots, -3b, -2b, -b, 0, b, 2b, 3b, \cdots.$$

若 a 与上面序列中某一项相等, 则 $a = bq$, 即 $a = bq + r$, $r = 0$.

若 a 与上面序列中任一项均不相等, 则必在此序列的某相邻两项之间, 即有确定的整数 q, 使 $bq < a < b(q+1) = bq + b$,

∴ $0 < a - bq < b = |b|$.

令 $a - bq = r$, 则有

$$a = bq + r, \quad 0 < r < |b|.$$

(2) 当 $b < 0$ 时, 作整数序列

$$\cdots, 3b, 2b, b, 0, -b, -2b, -3b, \cdots.$$

若 a 与序列中某一项相等, 则 $a = bq$, 即 $a = bq + r$, $r = 0$.

若 a 与序列中任一项均不相等, 则必在此序列的某相邻两项之间, 即有确定的整数 q, 使 $bq < a < b(q-1) = bq - b$.

∴ $0 < a - bq < -b = |b|$,

令 $a - bq = r$, 则有

$$a = bq + r, \quad 0 < r < |b|.$$

综上所述，对给定的整数 $a,b(b\neq0)$，有确定的一对整数 q 和 r，满足
$$a=bq+r,\ 0\leqslant r<|b|.$$
对于给定的整数 $a,b(b\neq0)$，如果有两对整数 q_1,r_1；q_2,r_2 满足
$$a=bq_1+r_1,\ 0\leqslant r_1<|b|,\qquad ①$$
$$a=bq_2+r_2,\ 0\leqslant r_2<|b|.\qquad ②$$
①－②得
$$r_1-r_2=(q_2-q_1)b,\ 0\leqslant|r_1-r_2|<|b|,$$
即 $b|(r_1-r_2)$，且 $|r_1-r_2|<|b|$.

由定理 1.1.1 的（2）知 $r_1-r_2=0$，则 $r_1=r_2$，从而 $q_1=q_2$.

综上所述，结论成立.

称上述定理中的 q 和 r 分别为**被除数** a **除以除数** b **的商和余数**. 此定理又被称为**带余（数）除法定理**，它是初等数论证明中最基本、最直接、最重要的工具. 当 $a=bq+r,\ 0\leqslant r<|b|$ 时，$b|a$ 的充要条件是 $r=0$.

例 1 若 $N=2^{2\,000}-2^{1\,998}+2^{1\,996}-2^{1\,994}+2^{1\,992}-2^{1\,990}$，则 $9|N$.

证明：$\because\ N=2^{2\,000}-2^{1\,998}+2^{1\,996}-2^{1\,994}+2^{1\,992}-2^{1\,990}$
$$=2^{1\,990}(2^{10}-2^{8}+2^{6}-2^{4}+2^{2}-1)$$
$$=2^{1\,990}(2^{2}-1)(2^{8}+2^{4}+1)$$
$$=2^{1\,990}\times3\times273$$
$$=9\times91\times2^{1\,990},$$
$\therefore\ 9|N.$

例 2 已知 $n\in\mathbf{N}$ 且 $4\nmid n$，求证：
$$5|(1^n+2^n+3^n+4^n).$$
证明：$\because\ 1^n+2^n+3^n+4^n$
$$=1^n+2^n+(5-2)^n+(5-1)^n$$
$$=1^n+2^n+5^n+C_n^1\cdot5^{n-1}\cdot(-2)+C_n^2\cdot5^{n-2}\cdot(-2)^2+\cdots+$$

$$C_n^{n-1} \cdot 5 \cdot (-2)^{n-1} + (-2)^n + 5^n + C_n^1 \cdot 5^{n-1} \cdot (-1) +$$
$$C_n^2 \cdot 5^{n-2} \cdot (-1)^2 + \cdots + C_n^{n-1} \cdot 5 \cdot (-1)^{n-1} + (-1)^n$$
$$= 1^n + 2^n + (-2)^n + (-1)^n + 5t_1 + 5t_2,$$

(这里 $t_1 = 5^{n-1} + C_n^1 \cdot 5^{n-2} \cdot (-2) + C_n^2 \cdot 5^{n-3} \cdot (-2)^2 + \cdots$
$+ C_n^{n-1} \cdot (-2)^{n-1}$,

$t_2 = 5^{n-1} + C_n^1 \cdot 5^{n-2} \cdot (-1) + C_n^2 \cdot 5^{n-3} \cdot (-1)^2 + \cdots$
$+ C_n^{n-1} \cdot (-1)^{n-1}$)

∵ $4 \nmid n$, ∴ $n = 4q + r$, $r = 1, 2, 3$.

当 $r = 1$ 时, $(-2)^n = (-2)^{4q+1} = (-2)^{4q}(-2) = -2 \cdot 2^{4q} = -2^{4q+1} = -2^n$, $(-1)^{4q+1} = -1$, 此时
$$1^n + 2^n + (-2)^n + (-1)^n = 0, 结论成立.$$

当 $r = 2$ 时, $(-2)^n = (-2)^{4q+2} = 2^{4q+2}$,
$$(-1)^n = (-1)^{4q+2} = 1, 此时$$
$1^n + 2^n + (-2)^n + (-1)^n = 2 + 2 \cdot 2^{4q+2} = 2 + 2 \times 4^{2q+1}$, 而
$$4^{2q+1} = (5-1)^{2q+1}$$
$$= 5^{2q+1} - C_{2q+1}^1 \cdot 5^{2q} + C_{2q+1}^2 5^{2q-1} - \cdots - 1,$$
∴ $2 + 2 \times 4^{2q+1}$
$$= 2 \times (5^{2q+1} - C_{2q+1}^1 5^{2q} + C_{2q+1}^2 5^{2q-1} - \cdots + C_{2q+1}^{2q} 5).$$

故当 $r = 2$ 时, $5 \mid (1^n + 2^n + (-2)^n + (-1)^n)$.

当 $r = 3$ 时, 与 $r = 1$ 时类似, 也有
$$5 \mid (1^n + 2^n + (-2)^n + (-1)^n).$$

综上所述, 已知 $n \in \mathbf{N}$ 且 $4 \nmid n$ 时,
$$5 \mid (1^n + 2^n + 3^n + 4^n).$$

例 3 b 是非零整数, 若 $d_1, d_2, \cdots, d_k$ 是它的全体约数, 则 $\dfrac{b}{d_1}, \dfrac{b}{d_2}, \cdots, \dfrac{b}{d_k}$ 也是它的全体约数.

证明: ∵ 当 $d_i \mid b$ 时, $b = d_i q_i$ ($i = 1, 2, \cdots, k$),

∴ $\dfrac{b}{d_i} = q_i$ 是整数.

∵ $b = d_i \times \dfrac{b}{d_i}$,∴ $\dfrac{b}{d_i} \Big| b$,即 $\dfrac{b}{d_1}, \dfrac{b}{d_2}, \cdots, \dfrac{b}{d_k}$ 均为 b 的约数,且当 $d_i \neq d_j$ 时,$\dfrac{b}{d_i} \neq \dfrac{b}{d_j}$. 这样一来,$\dfrac{b}{d_1}, \dfrac{b}{d_2}, \cdots, \dfrac{b}{d_k}$ 是 k 个两两不同的 b 的约数,由于 b 的约数的个数是一定的,所以结论成立.

例 4 若 $n \in \mathbf{Z}, k \in \mathbf{N}_+$,则
$$\dfrac{n(n-1)\cdots(n-k+1)}{k!}$$
的值是整数.

证明:当 $n = 0$ 时,$n(n-1)\cdots(n-k+1) = 0$,$k! \mid 0$,结论成立.

当 $n > 0$ 时,如果 $n \geq k$,则
$$\dfrac{n(n-1)\cdots(n-k+1)}{k!} = \mathrm{C}_n^k,$$
C_n^k 表示从 n 个元素中取 k 个元素的组合数. 组合数是整数,结论成立.

当 $0 < n < k$ 时,在 $n, n-1, \cdots, n-k+1$ 这 k 个数中一定有一个数是 0,即
$$n(n-1)\cdots(n-k+1) = 0,\ k! \mid 0,\ 结论成立.$$

当 $n < 0$ 时,令 $n = -n'$,$n' > 0$,则
$$\dfrac{n(n-1)\cdots(n-k+1)}{k!}$$
$$= \dfrac{-n'(-n'-1)\cdots(-n'-k+1)}{k!}$$
$$= (-1)^k \dfrac{n'(n'+1)\cdots(n'+k-1)}{k!}.$$

∵ $n' + k - 1 \geq k$,

∴ $\dfrac{n'(n'+1)\cdots(n'+k-1)}{k!} = \mathrm{C}_{n'+k-1}^k.$

∵ $\mathrm{C}_{n'+k-1}^k$ 是组合数,∴ $(-1)^k \mathrm{C}_{n'+k-1}^k$ 是整数,结论成立.

例4告诉我们：k 个连续整数的积一定能被 $k!$ 整除.

例5 如果 $a,b \in \mathbf{Z}$，且 $a \neq b$，当 $n \in \mathbf{N}_+$ 时，则 $(a-b) \mid (a^n-b^n)$.

证明：如果 $b=0$，$\because a \neq b$，则 $a \neq 0$.

$\because a \neq 0$，$a \mid a^n$，故有

$(a-b) \mid (a^n-b^n)$. 同样 $a=0$ 时结论仍然成立.

如果 $b \neq 0$，$a \neq 0$，构造下列等比数列：

b^{n-1}，ab^{n-2}，$\cdots$，$a^{n-2}b$，a^{n-1}.

根据等比数列的求和公式得：

$$b^{n-1}+ab^{n-2}+\cdots+a^{n-2}b+a^{n-1}=\frac{a^n-b^n}{a-b},$$

即 $a^n-b^n=(a-b)(b^{n-1}+ab^{n-2}+\cdots+a^{n-2}b+a^{n-1})$.

$\because a-b \neq 0$，$a^{n-1}+\cdots+b^{n-1}$ 是整数，

$\therefore (a-b) \mid (a^n-b^n)$.

结论成立.

例4、例5的结论，以后可当做定理使用.

例6 当 $n \in \mathbf{N}_+$ 时，求证：$23 \mid (5^{2n+1}+2^{n+4}+2^{n+1})$.

证明：法1（用数学归纳法）：

当 $n=1$ 时，

$\because 5^{2n+1}+2^{n+4}+2^{n+1}=5^3+2^5+2^2$

$= 125+32+4$

$= 161 = 23 \times 7$，

$\therefore n=1$ 时，结论成立.

假设 $n=k$ 时结论成立，即

$23 \mid (5^{2k+1}+2^{k+4}+2^{k+1})$.

当 $n=k+1$ 时，

$5^{2n+1}+2^{n+4}+2^{n+1} = 5^{2(k+1)+1}+2^{k+1+4}+2^{k+1+1}$

$= 5^{2k+3}+2^{k+5}+2^{k+2}$

$= 25 \times 5^{2k+1}+2 \times 2^{k+4}+2 \times 2^{k+1}$

$$= 23 \times 5^{2k+1} + 2 \times (5^{2k+1} + 2^{k+4} + 2^{k+1}).$$

∵ $23 | 23 \times 5^{2k+1}$, $23 | (5^{2k+1} + 2^{k+4} + 2^{k+1})$,

∴ $n = k+1$ 时，结论也成立.

则 n 为任何正整数时，$23 | (5^{2n+1} + 2^{n+4} + 2^{n+1})$.

法 2 （用例 5 的结论）：

∵ $5^{2n+1} + 2^{n+4} + 2^{n+1}$

$= 5 \times 25^n + 16 \times 2^n + 2 \times 2^n$

$= 5 \times 25^n + 18 \times 2^n$

$= 5 \times 25^n + (23 - 5) \times 2^n$

$= 23 \times 2^n + 5 \times (25^n - 2^n)$,

∵ $n \in \mathbf{N}_+$, $23 | 23 \times 2^n$, $(25 - 2) | (25^n - 2^n)$,

∴ $23 | 5 \times (25^n - 2^n)$, 则

$23 | (5^{2n+1} + 2^{n+4} + 2^{n+1})$.

（你还有别的证法吗？）

3. 奇数与偶数

定义 1.2 如果 $2 | a$，则称 a 为偶数，常用 $2k(k \in \mathbf{Z})$ 表示，大于零的偶数叫双数.

如果 $2 \nmid a$，则称 a 为奇数，常用 $2k+1$ 或 $2k-1(k \in \mathbf{Z})$ 表示，大于零的奇数叫单数.

奇数与偶数有下列性质：

性质 1 任意几个偶数的和还是偶数.

任意一个整数与偶数的积是偶数，特别地，n 个偶数积是 2^n 的倍数（$n \in \mathbf{N}_+$）.

性质 2 双数个奇数的和是偶数；

单数个奇数的和是奇数；

任意 n 个奇数的积还是奇数.

性质 3 奇数与偶数的和是奇数.

性质 4 任一奇数与任一偶数不相等.

利用奇数与偶数的定义及有关运算性质,可以证明上述各条性质.

例 7 试证:双数个奇数的和是偶数.

证明:设双数个奇数分别为 $2k_i+1(i=1,2,\cdots,2n,n\geqslant 1)$.

$\because \sum_{i=1}^{2n}(2k_i+1)$

$=2\sum_{i=1}^{2n}k_i+\sum_{i=1}^{2n}1$

$=2\sum_{i=1}^{2n}k_i+2n$

$=2(\sum_{i=1}^{2n}k_i+n),$

$\therefore 2\big|\sum_{i=1}^{2n}(2k_i+1).$

结论成立.

例 8 已知 $x,y\in \mathbf{Z}$,且 $x^2-4y=1$,试讨论 x,y 的奇偶性.

解:(1) 若 x 是奇数,则 $x=2k+1$.

$\because x^2-4y=1,$

$\therefore y=\frac{1}{4}(x^2-1)$

$=\frac{1}{4}(x-1)(x+1)$

$=\frac{1}{4}\cdot 2k\cdot (2k+2)$

$=k\cdot (k+1).$

$\because 2!\,|\,k(k+1),$

$\therefore y$ 是偶数.

(2) 若 x 是偶数,则 $x=2k$,此时

$$y=\frac{1}{4}(x^2-1)$$

$$= \frac{1}{4}(4k^2-1)$$

$$= k^2 - \frac{1}{4} \notin \mathbf{Z}, 矛盾.$$

故 x 不能是偶数.

由（1）（2）知，x 是奇数，y 是偶数.

例9 是否存在一种填法，使得将 1 至 36 这 36 个自然数填入图 1.1 的 6×6 个小方格中（每格填一个数，每数填一次），使形如图 1.1 中的（a）(b)(c)(d)中任一图形的四个小格内的数之和均是偶数.

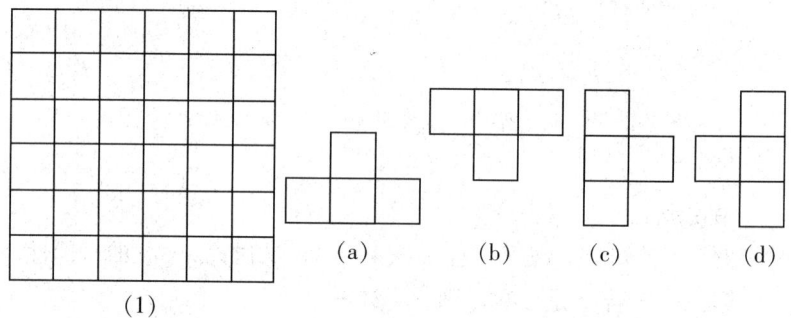

图 1.1

解：如有满足要求的填法存在，则在图 1.1(1) 中必有一形如图 1.2 的十字形图，当它的五个小方格内所填之数分别为 a，b，c，d，e 时（如图 1.2），这五个数满足下面各要求：

$$a+b+c+d = 偶数, \quad (1)$$
$$a+b+c+e = 偶数, \quad (2)$$
$$a+c+d+e = 偶数, \quad (3)$$
$$b+c+e+d = 偶数. \quad (4)$$

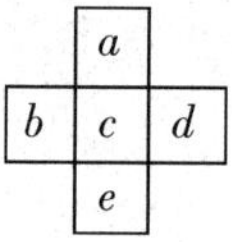

图 1.2

由（1）(2) 式可推出 d，e 同奇偶，

由（1）(3) 式可推出 b，e 同奇偶，

由（1）(4) 式可推出 a，e 同奇偶，则

第一章 整数的整除性

a，b，d，e 同奇偶.

当 a，b，d 同是奇数时，由（1）式知，c 也是奇数；当 a，b，d 同是偶数时，由（1）式知，c 也是偶数，这样，a，b，c，d，e 均同奇偶.

在图 1.2 的基础上补上一些小方格得图 1.3. 补上小方格内所填字母为 f，g，h，同理可推出 h，a，f，g，d 同奇偶.

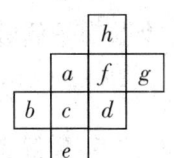

图 1.3

6×6 方格图除四角的四个小方格外，其余的小方格均可被图 1.2 的十字形图形盖住，即应有 $36-4=32$ 个小方格内所填之数同奇偶，但 1 至 36 这 36 个自然数中只有 18 个奇数，18 个偶数，矛盾. 故满足要求的填法不存在.

例 10 试证：当 $n\in \mathbf{N}_+$ 时，$\dfrac{1}{2}+\dfrac{1}{3}+\dfrac{1}{4}+\dfrac{1}{5}+\cdots +\dfrac{1}{n}$ 无论 n 取何值，其结果都不是整数.

证明：∵ 对于任一 $n\in \mathbf{N}_+$，一定存在非负整数 α，使 $2^\alpha \leqslant n < 2^{\alpha+1}$.

将和式 $\dfrac{1}{2}+\dfrac{1}{3}+\dfrac{1}{4}+\dfrac{1}{5}+\cdots +\dfrac{1}{n}$ 通分，通分后的公分母为 $2^\alpha k$，k 是单数. 这时上述和式的 n 个分数，除分数 $\dfrac{1}{2^\alpha}$ 通分后其分子变成奇数 k 之外，其余各分数的分子都至少乘了一个 2，故均为偶数. 故通分后和式的分子为奇数.

因为通分后和式的公分母 $2^\alpha k$ 是偶数，分子是奇数，而任一奇数均不能被偶数整除，所以其结果不是整数.

结论成立.

例 11 设 $f(x)=ax^2+bx+c$ 的系数都是整数，且 c 是奇数，并有某一奇数 β，使 $f(\beta)$ 是奇数，求证：$f(x)=0$ 无奇数根.

证明：∵ 对某一奇数 β，$f(\beta)=a\beta^2+b\beta+c$ 是奇数，而对于任意奇数 $2k+\beta$，

13

$$f(2k+\beta) = a(2k+\beta)^2 + b(2k+\beta) + c$$
$$= a\beta^2 + 4ka\beta + 4k^2a + 2kb + b\beta + c$$
$$= (a\beta^2 + b\beta + c) + (4ka\beta + 4k^2a + 2kb).$$

上述第一个括号内的 $a\beta^2 + b\beta + c$ 是奇数,第二个括号内的三个数都是偶数,其和显然也是偶数,故 $f(2k+\beta)$ 恒为奇数,即 $f(2k+\beta) \neq 0$,故 $f(x) = 0$ 无奇数根.

4. 整除特征

数 b 整除数 a 的特征就是指 $b \mid a$ 的充分必要条件.

定理 1.1.3 若 $A = \sum_{i=0}^{n} a_i 10^i$,则

（1） 2（或 5）整除 A 的特征是 2（或 5）整除 a_0;

（2） 4（或 25）整除 A 的特征是 4（或 25）整除 $\overline{a_1 a_0}$;

（3） 8（或 125）整除 A 的特征是 8（或 125）整除 $\overline{a_2 a_1 a_0}$.

（请读者自己证明）

定理 1.1.4 若 $A = \sum_{i=0}^{n} a_i 10^i$,则

3(或 9) 整除 A 的特征是 3(或 9) 整除 $\sum_{i=0}^{n} a_i$.

证明:$A = \sum_{i=0}^{n} a_i 10^i$

$= a_n 10^n + a_{n-1} 10^{n-1} + \cdots + a_2 10^2 + a_1 10 + a_0$

$= a_n \times (\underbrace{99\cdots 99}_{n \text{个} 9} + 1) + a_{n-1} \times (\underbrace{99\cdots 99}_{n-1 \text{个} 9} + 1) + \cdots$

$\quad + a_2 \times (99 + 1) + a_1 \times (9 + 1) + a_0$

$= 9 \times (\underbrace{11\cdots 11}_{n \text{个} 1} a_n + \underbrace{11\cdots 11}_{n-1 \text{个} 1} a_{n-1} + \cdots + 11 a_2 + a_1) + \sum_{i=0}^{n} a_i.$

由 3（或 9）整除 $\sum_{i=0}^{n} a_i$ 显见,3（或 9）整除 A,充分性得证.

必要性证明略.

结论成立.

定理 1.1.5 $11\mid A$ 的特征是 A 的奇数位数字和与偶数位数字和的差能被 11 整除.

证明：设 $A=\sum_{i=0}^{n}a_i 10^i$
$=a_0+a_1\times 10+a_2\times 10^2+a_3\times 10^3+\cdots+a_n\times 10^n$
$=a_0+a_1\times(11-1)+a_2\times(11-1)^2+a_3\times(11-1)^3+\cdots+a_n\times(11-1)^n$
$=a_0+11a_1-a_1+11\times(11-2)a_2+a_2+11\times(11^2-3\times 11+3)a_3-a_3+\cdots+11a_n\times(11^{n-1}-C_n^1\times 11^{n-2}+\cdots+C_n^{n-1}(-1)^{n-1})+(-1)^n a_n$
$=11\times[a_1+(11-2)a_2+(11^2-3\times 11+3)a_3+\cdots+(11^{n-1}-C_n^1\times 11^{n-2}+\cdots+(-1)^{n-1}C_n^{n-1})a_n]+(a_0-a_1+a_2-a_3+\cdots+(-1)^n a_n)$.

充分性证明：

∵ $11\mid 11\times[a_1+(11-1)a_2+\cdots+(11^{n-1}+\cdots+(-1)^{n-1}C_n^{n-1})a_n]$,

$11\mid(a_0-a_1+a_2-a_3+\cdots+(-1)^n a_n)$,

∴ $11\mid A$.

必要性证明：

∵ $11\mid 11\times[a_1+\cdots+(11^{n-1}+\cdots+(-1)^{n-1}C_n^{n-1})a_n]$,

$11\mid A$,

∴ $11\mid(a_0-a_1+a_2-a_3+\cdots+(-1)^n a_n)$.

结论成立.

例 12 用 1 到 6 这六个不同的数字组成一个各个数位上数字均不相同的六位数 $\overline{abcdef}$，且 $4\mid\overline{abc}$，$5\mid\overline{bcd}$，$3\mid\overline{cde}$，$11\mid\overline{def}$，那么满足上述要求的六位数是多少？

解：∵ 只有 1 到 6 六个数字，且 $5\mid\overline{bcd}$，

∴ $d=5$.

∵ $11\mid\overline{5ef}$，∴ $11\mid(f+5-e)$，即

$f+5-e=11t$.

∵ $0\leq f+5-e\leq 10$,

∴ $t=0$,

此时有 $f=1$, $e=6$.

∵ $3\mid\overline{cde}=\overline{c56}$，$3\mid(c+5+6)$,

∴ $c=4$.

∵ $4\mid\overline{ab4}$，即 $4\mid\overline{b4}$，∴ $b=2$，则 $a=3$.

此六位数为 324 561.

例 13 求一个各数位上数字均不相同的最小六位数，且这个六位数既能被 8 整除，又能被 9 整除，那么这个六位数除以 11 余几？

解：不妨设这个六位数为 $\overline{1023ab}$，则

$$8\mid\overline{3ab},\ 9\mid(1+0+2+3+a+b).$$

∵ $\overline{3ab}=300+10a+b$

$=8\times 37+4+8a+2a+b$

$=8\times(37+a)+(4+2a+b)$,

∴ 当 $\begin{cases}4+2a+b=8k_1\\6+a+b=9k_2\end{cases}$ 时，可求出满足要求的六位数来.

∵ $\begin{cases}17\leq 4+2a+b\leq 30\\15\leq 6+a+b\leq 23\end{cases}$,

∴ $k_1=3$，$k_2=2$.

∴ $\begin{cases}4+2a+b=24\\6+a+b=18\end{cases}$，此时有 $\begin{cases}a=8\\b=4\end{cases}$.

满足要求的六位数为 102 384.

∵ $(4+3+0)-(8+2+1)=-4$,

$-4=11\times(-1)+7$,

∴ 所求六位数除以 11 余 7.

例 14 设 $x = 1 \times 2\,001 + 2 \times 2\,001 + 3 \times 2\,001 + \cdots + 2\,001 \times 2\,001$，求 x 除以 9 余几？

解：$x = 2\,001 \times (1 + 2 + 3 + \cdots + 2\,001)$

$= 2\,001 \times \dfrac{1}{2} \times 2\,002 \times 2\,001$

$= 2\,001 \times 1\,001 \times 2\,001$.

因为整数 A 除以 9 的余数等于它的各个数位上数字和除以 9 的余数，而 2 001，1 001 除以 9 的余数分别为 3 和 2，$3 \times 3 \times 2 = 18$，所以 x 能被 9 整除，即除以 9 余 0.

此题还有其他的解法吗？

习题 1.1

1. 已知两整数相除，得商数 12 与余数 26，又知被除数、除数、商数及余数的和等于 454，求被除数.

2. 证明：

(1) 当 $n \in \mathbf{Z}$ 且 $n^3 = 9q + r (0 \leqslant r < 9)$ 时，r 只可能是 0，1，8；

(2) 当 $n \in \mathbf{Z}$ 时，$\dfrac{n^3}{3} - \dfrac{n^2}{2} + \dfrac{n}{6}$ 的值是整数；

(3) 当 n 为非负整数时，$133 \mid (11^{n+2} + 12^{2n+1})$；

(4) 当 m，n，$l \in \mathbf{N}_+$ 时，$\dfrac{(m+n+l)!}{m!\ n!\ l!}$ 的值总是整数；

(5) 当 a，$b \in \mathbf{Z}$，且 $a \neq -b$，n 是双数时，$(a+b) \mid (a^n - b^n)$；

(6) 当 a，$b \in \mathbf{Z}$，且 $a \neq -b$，n 为单数时，$(a+b) \mid (a^n + b^n)$.

3. 已知 a_1，a_2，a_3，a_4，a_5，$b \in \mathbf{Z}$，且 $\sum\limits_{i=1}^{5} a_i^2 = b^2$，证明这六个数不能都是奇数.

4. 能否在下式的各 □ 内填入加号或减号，使下式成立；能的

话给出一种填法，否则，请说明理由.

$$1\square2\square3\square4\square5\square6\square7\square8\square9=10$$

5. 设 a，b，c 都是奇数，证明方程 $ax^2+bx+c=0$ 无有理根.

6. 在黑板上写出三个整数，然后擦去其中的一个，换成其他两数之和加 1. 继续这样操作下去，最后得到三个数为 35，47，83. 问黑板上原来写的三个整数能否是 2，4，6? 为什么?

7. 将 1 到 99 这 99 个自然数依次写成一排，得一多位数 $A=$ 123 456 789 101 112…9 899，求 A 除以 2（或 5），4（或 25），8（或 125），3（或 9），11 的余数各是多少?

8. 四位数 $\overline{7a2b}$ 能同时被 2，3，5 整除，求 $\overline{7a2b}$.

9. 从 5，6，7，8，9 这五个数字中选出四个不同的数字组成一个四位数，它能同时被 3，5，7 整除，那么这些四位数中最大的一个是多少?

10. 一个各个数位上数字全不相同的六位数 $\overline{a_5a_4a_3a_2a_1a_0}$ 满足 $2|\overline{a_5a_4}$，$3|\overline{a_5a_4a_3}$，$4|\overline{a_5a_4a_3a_2}$，$5|\overline{a_5a_4a_3a_2a_1}$，$6|\overline{a_5a_4a_3a_2a_1a_0}$，求 $\overline{a_5a_4a_3a_2a_1a_0}$.

11. 将 1 到 1 001 这 1 001 个自然数按下面的格式排列成表，像表中所表示的那样用一个正方形框住其中的九个数，要使这九个数的和等于（1）1 986，（2）2 529，（3）1 989，是否办得到? 如能办到，写出方框里的最大数与最小数. 如不能，说明理由.

```
 1  2  3  4  5  6  7
 8  9 10 11 12 13 14
15 16 17 18 19 20 21
22 23 24 25 26 27 28
... ... ... ... ... ... ...
995 996 997 998 999 1 000 1 001
```

12. 证明：7(或 11 或 13) 整除 $\overline{a_n a_{n-1} \cdots a_3 a_2 a_1 a_0}$ 的特征是 7(或 11 或 13) 整除 $|\overline{a_n a_{n-1} \cdots a_3} - \overline{a_2 a_1 a_0}|$.

§1.2 质数与合数

定义 1.3 大于 1 的整数 p，如果除了 1 和 p 外，没有其他的正约数，则称 p 为质数，也叫素数或不可约数. 如果大于 1 的整数 a 不是质数，则称 a 为合数，也叫复合数.

定理 1.2.1 a 是合数的充要条件是 $a = bc$，其中 $b, c \in \mathbf{N}_+$，$1 < b < a$，$1 < c < a$.

证明：（充分性证明）

∵ $a = bc$，$b, c \in \mathbf{N}_+$，$1 < b < a$，$1 < c < a$，

∴ $a > 1$，

则 a 为合数.

（必要性证明）

∵ a 是合数，

∴ 一定有一个 $b \in \mathbf{N}_+$ 且 $1 < b < a$，使 $b \mid a$，即 $a = bc$.

∵ $a, b \in \mathbf{N}_+$，∴ $c \in \mathbf{N}_+$.

∵ $a > b$，∴ $bc > b$.

∵ $b > 1$，∴ $c > 1$.

∵ $c \mid a$，$c, a \in \mathbf{N}_+$，

∴ $c < a$，则 $1 < c < a$.

结论成立.

定理 1.2.2 如果 a 是大于 1 的整数，则 a 的大于 1 的最小约数一定是质数.

证明：如果 a 是质数，则 a 的大于 1 的正约数只有一个，就是 a 本身，结论成立.

如果 a 是合数,则除了 1 和它本身这两个正约数外,必有其他的正约数,设 p 是这些正约数中最小的一个.

若 p 是合数,一定有 $p_1 \mid p$ 且 $1 < p_1 < p$.

∵ $p \mid a$,$p_1 \mid p$,∴ $p_1 \mid a$,即

a 还有一个比 p 小且大于 1 的正约数 p_1,与 p 是 a 的大于 1 的最小正约数矛盾,故 p 是质数.

结论成立.

定理 1.2.3 $p > 1$ 且 $p \in \mathbf{Z}$,如果所有不大于 $\sqrt{p}$ 的质数都不能整除 p,则 p 是质数.

证明:(先证大于 1 且不大于 $\sqrt{p}$ 的所有整数都不能整除 p 时,p 是质数)

如果 p 是合数,由定理 1.2.1 知,一定有 $b,c \in \mathbf{Z}$,$b,c > 1$,$b,c < p$,使 $p = bc$. 由于大于 1 而不大于 $\sqrt{p}$ 的所有整数都不能整除 p,所以 $b > \sqrt{p}$,$c > \sqrt{p}$,则 $p = bc > \sqrt{p} \cdot \sqrt{p} = p$,矛盾.

故 p 是质数.

(再用大于 1 且不大于 $\sqrt{p}$ 的质数试除即可)

∵ 大于 1 且不大于 $\sqrt{p}$ 的合数,根据定理 1.2.2 一定被某一小于 $\sqrt{p}$ 的质数整除,∴ 结论成立.

定理得证.

定理 1.2.3 给出了一种寻找质数的有效方法,例如,为了求出不超过 100(或任给的正整数 n)的所有质数,只要把 1 及不超过 100(或 n)的合数全都删去即可. 由定理 1.2.3 可知,不超过 100(或 n)的合数 a 必有一个约数是质数 p,$p \leqslant \sqrt{a} \leqslant \sqrt{100} = 10$(或 $\sqrt{n}$),不超过 10(或 $\sqrt{n}$)的所有质数是 2,3,5,7(或 p_1,p_2,…,p_s),然后依次把不超过 100(或 n)的正整数中除了 2,3,5,7(或 p_1,p_2,…,p_s)以外的 2,3,5,7(或 p_1,p_2,…,p_s)的倍数全

第一章 整数的整除性

都删去，剩下的就是不超过 100(或 n) 的全部质数.

具体做法见下表（$n=100$）.

~~1~~ 2 3 ~~4~~ 5 ~~6~~ 7 ~~8~~ ~~9~~ ~~10~~
11 ~~12~~ 13 ~~14~~ ~~15~~ ~~16~~ 17 ~~18~~ 19 ~~20~~
~~21~~ ~~22~~ 23 ~~24~~ ~~25~~ ~~26~~ ~~27~~ ~~28~~ 29 ~~30~~
31 ~~32~~ ~~33~~ ~~34~~ ~~35~~ ~~36~~ 37 ~~38~~ ~~39~~ ~~40~~
41 ~~42~~ 43 ~~44~~ ~~45~~ ~~46~~ 47 ~~48~~ ~~49~~ ~~50~~
~~51~~ ~~52~~ 53 ~~54~~ ~~55~~ ~~56~~ ~~57~~ ~~58~~ 59 ~~60~~
61 ~~62~~ ~~63~~ ~~64~~ ~~65~~ ~~66~~ 67 ~~68~~ ~~69~~ ~~70~~
71 ~~72~~ 73 ~~74~~ ~~75~~ ~~76~~ ~~77~~ ~~78~~ 79 ~~80~~
~~81~~ ~~82~~ 83 ~~84~~ ~~85~~ ~~86~~ ~~87~~ ~~88~~ 89 ~~90~~
~~91~~ ~~92~~ ~~93~~ ~~94~~ ~~95~~ ~~96~~ 97 ~~98~~ ~~99~~ ~~100~~

这种寻找质数的方法，通常叫做**厄拉多塞**（Eratosthenes）**筛法**.

例 1 判断 359 是否质数.

解：∵ $18<\sqrt{359}<19$，不大于 $\sqrt{359}$ 的所有质数依次为 2，3，5，7，11，13，17. 经试除上述 7 个质数均不能整除 359.

∴ 359 是质数.

这种方法称为**试除法**.

例 2 1934 年东印度一年轻学生桑达拉姆（Sundaram）也发现了一种筛选素数的方法，具体方法如下.

先按照下面的方法构造一个数阵：

第一行为首项是 4 公差为 3 的等差数列：4，7，10，13，16，19，….

第二行为首项是 7 公差为 5 的等差数列：7，12，17，22，27，32，….

……

第 k 行为首项是 $4+3(k-1)$ 公差为 $2k+1$ 的等差数列.

这样一来，便得到一个关于主对角线对称数阵：

4	7	10	13	16	19	⋯
7	12	17	22	27	32	⋯
10	17	24	31	38	45	⋯
13	22	31	40	49	58	⋯
16	27	38	49	60	71	⋯
19	32	45	58	71	84	⋯
⋯	⋯	⋯	⋯	⋯	⋯	⋯

桑达拉姆发现：若自然数 n 出现在上面数阵中，则 $2n+1$ 不是质数；若自然数不出现在上面数阵中，则 $2n+1$ 肯定是质数.

你能说明桑达拉姆发现的结果是否正确吗？

解：桑达拉姆的发现是正确的.

从数阵的构造方法中，很容易发现数阵中数的通项为：
$$a_{kj}=3k+1+(j-1)(2k+1).$$
(这里 k 为行数，j 为列数)

若自然数 n 出现在数的第 i 行与第 j 列交叉处，则有 $n=a_{ij}=3i+1+(j-1)(2i+1)$，此时，
$$\begin{aligned}2n+1&=2[3i+1+(j-1)(2i+1)]+1\\&=2[(2i+1)j+i]+1\\&=2j(2i+1)+2i+1\\&=(2i+1)(2j+1).\end{aligned}$$

$2i+1$ 与 $2j+1$ 均为 $2n+1$ 的大于 1 而小于 $2n+1$ 的约数，此时 $2n+1$ 为合数.

若 n 不在数阵中出现且 $2n+1$ 为合数，则有 $2n+1=ab$，这里 a,b 均为大于 1 的奇数，不妨令 $a=2p+1$，$b=2q+1$，则
$$\begin{aligned}2n+1&=(2p+1)(2q+1)\\&=2[p(2q+1)+q]+1.\end{aligned}$$

显然 $p(2q+1)+q=3q+1+(p-1)(2q+1)$ 为数阵中的数,与前面假设矛盾,故 $2n+1$ 为质数.

综上所述,桑达拉姆的发现是正确的.

桑达拉姆的筛法从本质上讲是筛掉了质数,而厄拉多塞的筛法恰恰相反是保留了质数. 此外,厄拉多塞的筛法不会有遗漏,它能保证每个质数都能被筛出,而桑达拉姆的筛法却无法保证这一点,比如唯一的偶质数 2 就筛不出来.

无论如何,用筛法寻找质数都是繁琐的,那么有无一个公式可以表示所有质数呢?历代数学家为了寻找这一公式历尽艰辛,走过了曲折而漫长的道路,质数表达式也给出了不少,但每一个多少都存在一些缺陷.

例 3 证明:当 $m, n \in \mathbf{N}_+$, $x \in \mathbf{Z}$ 时,$x^{4m}+2^{4n+2}$ 是合数.

证明:$x^{4m}+2^{4n+2}$

$=(x^{2m})^2+(2^{2n+1})^2$

$=(x^{2m}+2^{2n+1})^2-2 \cdot x^{2m} \cdot 2^{2n+1}$

$=(x^{2m}+2^{2n+1})^2-(x^m \cdot 2^{n+1})^2$

$=(x^{2m}+2^{n+1}x^m+2^{2n+1})(x^{2m}-2^{n+1}x^m+2^{2n+1})$

$=(x^{2m}+2 \cdot 2^n x^m+2^{2n}+2^{2n})(x^{2m}-2 \cdot 2^n x^m+2^{2n}+2^{2n})$

$=[(x^m+2^n)^2+2^{2n}][(x^m-2^n)^2+2^{2n}]$.

当 $x \in \mathbf{Z}$, $m, n \in \mathbf{N}_+$ 时,总有 $(x^m+2^n)^2+2^{2n}>1$, $(x^m-2^n)^2+2^{2n}>1$,且均为整数,故知 $x^{4m}+2^{4n+2}$ 是合数. 结论成立.

例 4 证明:对于任意非负整数 n,$f(n)=19 \times 8^n+17$ 的值都是合数.

证明:(1) 当 $n=4k(k \in \mathbf{N})$ 时,若 $k=0$,则 $n=0$,$f(0)=36$ 显然是合数,以下设 $k \neq 0$.

$f(n)=19 \times 8^n+17$

$=19 \times 8^{4k}+17$

$=19 \times 64^{2k}+17$

$$=19\times(63+1)^{2k}+17$$
$$=19\times(63^{2k}+C_{2k}^{1}\times 63^{2k-1}+\cdots+C_{2k}^{2k-1}\times 63)+19+17.$$

$\because \ 3\mid 19\times(63^{2k}+\cdots+C_{2k}^{2k-1}\times 63)$,

$\quad 3\mid(19+17)$,

$\therefore \ 3\mid f(n)$.

此时 $f(n)$ 是合数.

(2) 当 $n=4k+1(k\in \mathbf{N})$ 时，若 $k=0$，则 $n=1$，$f(1)=169=13^2$ 是合数，以下设 $k\neq 0$.

$$f(n)=19\times 8^n+17$$
$$=19\times 8^{4k+1}+17$$
$$=13\times 8^{4k+1}+6\times 8\times 8^{4k}+17$$
$$=13\times 8^{4k+1}+39\times 8^{4k}+9\times 64^{2k}+17$$
$$=13\times 8^{4k+1}+39\times 8^{4k}+9\times(65-1)^{2k}+17$$
$$=13\times 8^{4k+1}+39\times 8^{4k}+9\times(65^{2k}+C_{2k}^{1}\times(-1)\times 65^{2k-1}+\cdots$$
$$+C_{2k}^{2k-1}\times(-1)^{2k-1}\times 65]+9+17.$$

$\because \ 13\mid 13\times 8^{4k+1}$，$13\mid 39\times 8^{4k}$,

$\quad 13\mid 9\times(65^{2k}+\cdots+C_{2k}^{2k-1}\times(-1)^{2k-1}\times 65)$,

$\quad 13\mid(17+9)$,

$\therefore \ 13\mid f(n)$.

此时 $f(n)$ 是合数.

(3) 当 $n=4k+2(k\in \mathbf{N})$ 时,
$$f(n)=19\times 8^n+17$$
$$=19\times 8^{4k+2}+17$$
$$=19\times 64^{2k+1}+17.$$

同上面（1）类似，可证 $3\mid f(n)$，即 $f(n)$ 是合数.

(4) 当 $n=4k+3(k\in \mathbf{N})$时，若 $k=0$，则 $n=3$，$f(3)=19\times 8^3+17=9\ 745$ 有约数 5，$f(3)$ 是合数. 以下设 $k\neq 0$.

$$f(n) = 19 \times 8^n + 17$$
$$= 19 \times 8^{4k+3} + 17$$
$$= 20 \times 8^{4k+3} - 8^{4k+3} + 17$$
$$= 20 \times 8^{4k+3} - 512 \times 8^{4k} + 17$$
$$= 20 \times 8^{4k+3} - 510 \times 8^{4k} - 2 \times 64^{2k} + 17$$
$$= 20 \times 8^{4k+3} - 510 \times 8^{4k} - 2 \times (65-1)^{2k} + 17$$
$$= 20 \times 8^{4k+3} - 510 \times 8^{4k} - 2 \times [65^{2k} + C_{2k}^1 \times (-1) \times 65^{2k-1} +$$
$$\cdots + C_{2k}^{2k-1} \times (-1)^{2k-1} \times 65] + 17 - 2.$$

∵ $5 \mid 20 \times 8^{4k+3}$,$5 \mid 510 \times 8^{4k}$,

$5 \mid 2 \times [65^{2k} + \cdots + C_{2k}^{2k-1} \times (-1)^{2k-1} \times 65]$,

$5 \mid (17-2)$,

∴ $5 \mid f(n)$.

此时 $f(n)$ 是合数.

由以上（1）到（4）可知,对所有非负整数 n, $f(n) = 19 \times 8^n + 17$ 是合数,结论成立.

例5 从1到9九个自然数中,选出六个不同的数字填在图 1.4 的六个圆圈内,使任意相邻两个圆圈内数字的和都是质数,那么最多有多少种不同的选法?（六个数字相同,排列次序不同的都算同一种）

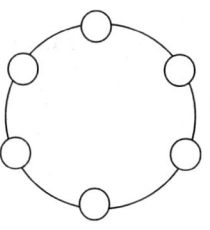

图 1.4

解：假设图 1.4 中六个圆圈内填的数字分别为 a, b, c, x, y, z（见图1.5）,很明显任意相邻两个数字和都是大于2的质数,且均是奇数.

∵ $a+x$, $a+z$ 均为奇数,

∴ $a+x-(a+z)=x-z$ 是偶数,即 x, z 同奇同偶. 同理可推出 a, b, c 同奇同偶,x,

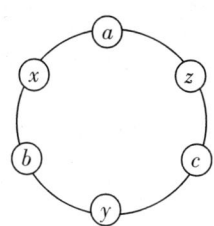

图 1.5

y, z 同奇偶, 且 a 与 x 一奇一偶. 不妨设 a, b, c 为偶数, 这样一来 a, b, c 仅有下面四种不同的取值方法:

2, 4, 6; 2, 4, 8; 2, 6, 8; 4, 6, 8.

(1) 当 a, b, c 分别取 2, 4, 6 时, 2 的两边不能填 7, 4 的两边不能填 5, 6 的两边不能填 3 或 9, 根据这些要求, 此时有下面七种选法:

```
    2         2         2         2
 3     5   3     1   1     5   9     5
 4     6   4     6   4     6   4     6
    1         7         7         1

    2         2         2
 9     1   3     5   9     5
 4     6   4     6   4     6
    7         7         7
```

(2) 当 a, b, c 分别取 2, 4, 8 时, 有下面四种选法:

```
    2         2         2         2
 1     5   1     9   1     5   3     5
 4     8   4     8   4     8   4     8
    3         3         9         9
```

(3) 当 a, b, c 分别取 2, 6, 8 时, 有下面两种选法:

```
    2                   2
 1     3             1     9
 6     8             6     8
    5                   5
```

(4) 当 a, b, c 分别取 4, 6, 8 时, 有下面四种选法:

```
    4         4         4         4
 1     3   1     9   7     3   7     9
 6     8   6     8   6     8   6     8
    5         5         5         5
```

7+4+2+4=17,共有 17 种不同的选法.

定理 1.2.4 质数有无限多个.

证明:(用反证法证明)

假设质数只有有限个,分别为 $p_1, p_2, \cdots, p_s$,令 $A = \prod_{i=1}^{s} p_i + 1$,则 $A > 2$.

∵ $A > 2$,由定理 1.2.2 知,必有质数 p 整除 A. 由上述假设 p 必等于某个质数 $p_j (j=1, 2, \cdots, s)$,因此有 $p_j \mid (A - \prod_{i=1}^{s} p_i)$,从而有 $p_j \mid 1$,矛盾.

∴ 质数有无限多.

结论成立.

例 6 试证:当 $n \in \mathbf{N}_+$ 时,

(1) 一切大于 2 的质数,不是形如 $4n+1$ 就是形如 $4n-1$;

(2) 任意多个形如 $4n+1$ 的数的积仍是 $4n+1$ 型的数;

(3) 形如 $4n-1$ 的数中包含有无限多个质数.

证明:(1) 由带余除法定理知,一切大于 2 的整数按除以 4 的余数可分成下面四类:

$4k, 4k+1, 4k+2, 4k+3$ $(k \in \mathbf{N}_+)$.

∵ $4k, 4k+2$ 都是偶数,大于 2 的质数都是奇数,而
$$4k+3 = 4(k+1) - 1,$$

∴ 大于 2 的质数不是形如 $4n+1$ 就是形如 $4n-1$ 的数.

(2)(对 $4n+1$ 型的数的个数进行归纳)

当 $4n+1$ 型数的个数是 2 时,

$(4n_1+1)(4n_2+1)$
$= 4[n_1(4n_2+1) + n_2] + 1$ $(n_1, n_2, n_1(4n_2+1) + n_2 \in \mathbf{N}_+)$.

结论成立.

假设 $4n+1$ 型数的个数为 k 时,结论成立,

27

即 $\prod_{i=1}^{k}(4n_i+1) = 4m+1 \quad (n_i, m \in \mathbf{N}_+)$,

当 $4n+1$ 型数的个数为 $k+1$ 时,

$$\prod_{i=1}^{k+1}(4n_i+1) = (4n_{k+1}+1)\prod_{i=1}^{k}(4n_i+1)$$
$$= (4n_{k+1}+1)(4m+1).$$

而 $4n+1$ 型数的个数为 2 时,结论成立,即个数为 $k+1$ 时结论也成立.

结论成立.

(3)(用反证法证明)

假设形如 $4n-1$ 的数中只有有限个质数,依次分别为 p_1,p_2,…,p_s,令

$$m = 4\prod_{i=1}^{s}p_i - 1, \text{ 则 } m > 2, m \neq p_i.$$

若 m 是质数,则在有限个质数 p_1,p_2,…,p_s 外还有一个形如 $4n-1$ 的质数,矛盾.

若 m 是合数,因为 $m>2$,所以 m 的是质数的约数只能是形如 $4n+1$ 或 $4n-1$ 型的数. 如果 m 的是质数的约数都是形如 $4n+1$ 的数,则由上面(2)知:m 应是形如 $4n+1$ 的数,但 m 是 $4n-1$ 型的数,矛盾. 故 m 至少有一个形如 $4n-1$ 是质数的约数,令其为 p. 由假设 p 必等于某个 $p_j(j=1, 2, \cdots, s)$,则 $p \mid (4\prod_{i=1}^{s}p_i - m)$,即 $p \mid 1$,矛盾. 故形如 $4n-1$ 数中有无限多个质数.

例 7 设自然数 $n>2$,证明在 n 与 $n!$ 之间一定有一个质数.

证明:设 p_1,p_2,…,p_s 是不超过 n 的全体质数,令

$$A = \prod_{i=1}^{s}p_i - 1, \text{ 如 } A \text{ 是质数,则有}$$

$$n < A \leqslant n! - 1 < n!.$$

如 A 是合数,则 A 有不同于 p_1,p_2,…,p_s 的质数约数 p,这一来 $p>n$. 另外,

第一章 整数的整除性

$$n<p<A\leqslant n!-1<n!,$$

故 $n<p<n!$.

结论成立.

例8 已知质数 $p\geqslant 5$，且 $2p+1$ 也是质数，证明 $4p+1$ 必是合数.

证明：∵ 质数 $p\geqslant 5$，

∴ p 除以 6 的余数只能是 1 或 5.

当 $p=6q+1$ 时，$2p+1=12q+2+1=12q+3$，此时 $3\mid(2p+1)$，与已知矛盾，故 p 不是形如 $6q+1$ 的数.

当 $p=6q+5$ 时，$4p+1=24q+21$，明显有 $3\mid(4p+1)$，故 $4p+1$ 是合数.

结论成立.

例9 九个连续自然数，它们都大于 80，那么其中最多有几个质数？

解：大于 80 的九个连续自然数中，最多只有连续的五个奇数，而大于 80 的质数必定是奇数，于是质数只可能在这五个连续奇数之中.

又因为连续三个奇数中至少有一个是 3 的倍数，现将这个结论补证如下：

设连续三个奇数依次为：

$2k-1$，$2k+1$，$2k+3(k\in \mathbf{Z})$.

令 $k=3q+r$ $(0\leqslant r<3)$，

当 $r=0$ 时，$3\mid(2k+3)$，

当 $r=1$ 时，$3\mid(2k+1)$，

当 $r=2$ 时，$3\mid(2k-1)$.

所以在这连续五个奇数中最多只有四个质数.

另外，在 101 到 109 这九个连续自然数中，有 101，103，107，109 这四个质数，也就是说，在九个大于 80 的连续自然数

中，最多只能有四个质数.

习题 1.2

1. 用试除法确定下列各数哪些是质数？哪些是合数？
   1 987, 2 027, 2 461, 17 357.

2. 问当 n 是什么正整数时，$f_1(n)=n^4+4$，$f_2(n)=n^5+5n^4+9n^3+8n^2+4n+1$，$f_3(n)=n^4-18n^2+45$，$f_4(n)=n^4+n^2+1$，$f_5(n)=3n^2-4n+1$ 的值是质数？是合数？

3. 试证：

   (1) 一切大于 3 的质数，不是形如 $6n+1$ 就是 $6n-1$ 的数（$n \in \mathbf{N}$）；

   (2) 任意多个形如 $6n+1$ 的数的乘积仍是形如 $6n+1$ 的数；

   (3) 形如 $6n-1$ 的数中含有无限多个质数.

4. 设 $m>1$，当 $m \mid [(m-1)!+1]$ 时，m 必为质数.

5. 是否有 1 999 个连续的自然数，它们之中恰好只有一个数是质数？

§1.3 最大公约数与最小公倍数

1. 最大公约数

定义 1.4 设 $a_1, a_2, \cdots, a_n$ ($n \geqslant 2$) 是不全为零的整数，如果 $d \mid a_i$ ($i=1, 2, \cdots, n$)，则称 d 为 $a_1, a_2, \cdots, a_n$ 的公约数，全体公约数中最大的一个数称为 $a_1, a_2, \cdots, a_n$ 的最大公约数，记作 $(a_1, \cdots, a_n)$. 若 $(a_1, a_2, \cdots, a_n)=1$，则称 $a_1, a_2, \cdots, a_n$ 互质（也称互素），若 $a_1, a_2, \cdots, a_n$ 中每两个数都互质，

则称 $a_1, a_2, \cdots, a_n$ 两两互质（互素）.

由上述定义可立即得出下面两个结论：

(1) 若 $b \neq 0$，则 $(0, b) = |b|$；

(2) $(a_1, a_2, \cdots, a_n) = (|a_1|, |a_2|, \cdots, |a_n|)$.

由于有上面两个结论，今后我们只讨论正整数的公约数问题.

定理 1.3.1 若 $a = bq + c$ ($a, b, q \in \mathbf{Z}$)，则 $(a, b) = (b, c)$.

证明：设 $d \mid a, d \mid b$，则 $d \mid bq$.

∵ $c = a - bq$,

∴ $d \mid c$，即

a, b 的公约数也是 b, c 的公约数. 同理可证 b, c 的公约数也是 a, b 的公约数. 这表明由 a, b 的全体公约数组成的集，与由 b, c 的全体公约数组成的集是同一个，故它们的最大公约数是同一个数，故 $(a, b) = (b, c)$.

定理得证.

求两个正整数的最大公约数有一个重要的方法——**辗转相除法**（亦称**欧几里得算法**），即当 a, b 是两个正整数，且 $b \nmid a$ 时，根据带余除法定理可得到下面 $k+1$ 个算式：

$$a = bq_1 + r_1, \quad 0 \leqslant r_1 < b,$$
$$b = r_1 q_2 + r_2, \quad 0 \leqslant r_2 < r_1,$$
$$r_1 = r_2 q_3 + r_3, \quad 0 \leqslant r_3 < r_2,$$
$$\cdots$$
$$r_{k-2} = r_{k-1} q_k + r_k, \quad 0 \leqslant r_k < r_{k-1},$$
$$r_{k-1} = r_k q_{k+1} + r_{k+1}, \quad r_{k+1} = 0.$$

这是因为每进行一次带余除法，余数至少减少 1，所以经有限次带余除法，总会得到一个余数是零的等式，即一定存在一个大于零的整数 k，使 $r_{k+1} = 0$.

定理 1.3.2 在上述条件和符号下，有 $(a, b) = r_k$.

证明：由定理 1.3.1 知：

$$(a, b) = (b, r_1) = (r_1, r_2) = \cdots$$
$$= (r_{k-2}, r_{k-1}) = (r_{k-1}, r_k).$$

而 $(r_{k-1}, r_k) = r_k$，

则 $(a, b) = r_k$.

定理得证.

定理 1.3.3 设 $a, b \in \mathbf{N}_+$，则在上述辗转相除过程中，余数 r_i 与 a, b 满足关系式：

$$Q_i a - P_i b = (-1)^{i-1} r_i \quad (i = 1, 2, \cdots, k), \tag{1}$$

而 P_i, Q_i 由下面递推式确定：

$$\begin{cases} P_i = q_i P_{i-1} + P_{i-2} \\ Q_i = q_i Q_{i-1} + Q_{i-2} \end{cases} \quad (i = 2, \cdots, k), \tag{2}$$

这里 $P_0 = 1, P_1 = q_1; Q_0 = 0, Q_1 = 1$.

证明：当 $i = 2$ 时，由辗转相除过程得

$$-r_2 = r_1 q_2 - b$$
$$= (a - b q_1) q_2 - b$$
$$= a q_2 - (q_1 q_2 + 1) b,$$

这里
$$P_2 = q_1 q_2 + 1 = q_2 P_1 + P_0,$$
$$Q_2 = q_2 = q_2 Q_1 + Q_0.$$

故此时(1)式成立，即 $i = 2$ 时结论成立.

假设(1)式对于不大于 $k'(k' \geqslant 2)$ 的正整数成立，则

$$(-1)^{k'} r_{k'+1} = (-1)^{k'} (r_{k'-1} - r_{k'} q_{k'+1})$$
$$= (Q_{k'-1} a - P_{k'-1} b) + (Q_{k'} a - P_{k'} b) q_{k'+1}$$
$$= (q_{k'+1} Q_{k'} + Q_{k'-1}) a - (q_{k'+1} P_{k'} + P_{k'-1}) b$$
$$= Q_{k'+1} a - P_{k'+1} b,$$

故(1)式对于一切 $k' \leqslant k$ 的正整数均成立.

定理得证.

推论 1 若 $a, b \in \mathbf{N}_+$，则一定存在整数 s, t，使 $as + bt = (a, b)$.

第一章 整数的整除性

同理，对 $a_1, a_2, \cdots, a_k \in \mathbf{N}_+$，一定存在整数 $m_1, m_2, \cdots, m_k$，使

$$\sum_{i=1}^{k} a_i m_i = (a_1, a_2, \cdots, a_k).$$

推论 2 $(a, b) = 1$ 的充要条件是：存在整数 s, t，使 $as + bt = 1$.

例 1 用辗转相除法求 $(198, 252)$.

解：∵ $252 = 198 \times 1 + 54$，
　　　$198 = 54 \times 3 + 36$，
　　　$54 = 36 \times 1 + 18$，
　　　$36 = 18 \times 2$.

∴ $(252, 198) = (198, 54)$
　　　　　　$= (54, 36)$
　　　　　　$= (36, 18) = 18.$

为方便起见，上面一系列计算也可以简写成如下的形式：

252	1	198
198	3	162
54	1	36
36	2	36
18		0

例 2 对于任意正整数 n，求证：

$$\frac{12n+7}{14n+8}$$

是既约分数.

证明：∵ $14n + 8 = (12n + 7) \times 1 + 2n + 1$，
　　　　$12n + 7 = (2n + 1) \times 6 + 1.$

∴ $(14n + 8, 12n + 7)$
　$= (12n + 7, 2n + 1)$
　$= (2n + 1, 1) = 1.$

33

故当 $n \in \mathbf{N}_+$ 时,$\dfrac{12n+7}{14n+8}$ 是既约分数.

2. 最小公倍数

定义 1.5 设 $a_1, a_2, \cdots, a_n$ 是非零整数. 若有整数 M,使 $a_i \mid M$ ($i=1, 2, \cdots, n$),则称 M 为 $a_1, a_2, \cdots, a_n$ 的公倍数,公倍数中最小的正数,称为 $a_1, a_2, \cdots, a_n$ 的最小公倍数,记作 $[a_1, a_2, \cdots, a_n]$.

用上述定义很容易证明:
$$[a_1, a_2, \cdots, a_n] = [\mid a_1 \mid, \mid a_2 \mid, \cdots, \mid a_n \mid].$$
因而今后我们只讨论正整数的最小公倍数.

定理 1.3.4 $a_i \mid M$ ($i=1, 2, \cdots, k$, $k \geqslant 2$) 的充分必要条件是 $[a_1, a_2, \cdots, a_n] \mid M$.

证明:(充分性证明)

$\because \ a_i \mid [a_1, a_2, \cdots, a_k]$,$[a_1, a_2, \cdots, a_k] \mid M$,

$\therefore \ a_i \mid M$ ($i=1, 2, \cdots, k$).

(必要性证明)

设 $[a_1, a_2, \cdots, a_k] = m$,由带余除法定理知
$$M = mq + r, \quad 0 \leqslant r < m.$$

$\because \ a_i \mid M$,$a_i \mid m$,$r = M - mq$,

$\therefore \ a_i \mid r$ ($i=1, 2, \cdots, k$),

则 r 是 $a_1, a_2, \cdots, a_k$ 的公倍数,而 $0 \leqslant r < m$,故 $r=0$,即 $m \mid M$.

定理得证.

定理 1.3.4 告诉我们:几个数的任一公倍数一定是它们最小公倍数的倍数.

3. 最大公约数与最小公倍数的性质

定理 1.3.5 $(a_1, a_2, \cdots, a_k) = D$ 的充分必要条件是:

(1) $D \mid a_i$ ($i=1, 2, \cdots, k$),

(2) 若 $d \mid a_i$，则 $d \mid D$ ($i=1, 2, \cdots, k$).

证明：(充分性证明)

∵ $D \mid a_i$ ($i=1, 2, \cdots, k$),

∴ D 是 $a_1, a_2, \cdots, a_k$ 的公约数，由定理 1.1.1(8) 及已知条件(2)知，对 $a_1, a_2, \cdots, a_k$ 的任意公约数 d，有 $d \leqslant D$，故得
$$(a_1, a_2, \cdots, a_k) = D.$$

(必要性证明)

若 $(a_1, a_2, \cdots, a_k) = D$，由公约数的定义知 (1) 成立. 若 $d \mid a_i$ ($i=1, 2, \cdots, k$)，由定理 1.3.3 的推论 1 知，存在 m_i ($i=1, 2, \cdots, k$) 使 $a_1 m_1 + \cdots + a_k m_k = D$，从而 $d \mid D$，所以 (2) 成立.

定理得证.

定理 1.3.5 告诉我们：几个数的任一公约数一定是它们的最大公约数的约数，最大公约数的约数就是它们的全体公约数.

定理 1.3.6 $(a_1, a_2, \cdots, a_k) = d$ 的充分必要条件是：$\left(\dfrac{a_1}{d}, \dfrac{a_2}{d}, \cdots, \dfrac{a_k}{d}\right) = 1.$

证明：(必要性证明)

如果 $\left(\dfrac{a_1}{d}, \dfrac{a_2}{d}, \cdots, \dfrac{a_k}{d}\right) = c > 1$,

则 $c \mid \dfrac{a_i}{d}$，∴ $dc \mid a_i$ ($i=1, 2, \cdots, k$).

这样 dc 便是 $a_1, a_2, \cdots, a_k$ 的公约数.

∵ $c > 1$，∴ $cd > d$. 这与 $(a_1, a_2, \cdots, a_k) = d$ 矛盾，则
$$\left(\dfrac{a_1}{d}, \dfrac{a_2}{d}, \cdots, \dfrac{a_k}{d}\right) = 1.$$

(充分性证明)

当 $\left(\dfrac{a_1}{d}, \dfrac{a_2}{d}, \cdots, \dfrac{a_k}{d}\right) = 1$ 时，如果 $(a_1, a_2, \cdots, a_k) \neq d$，因为

$d \mid a_i (i=1, 2, \cdots, k)$,根据定理 1.3.5,令 $(a_1, a_2, \cdots, a_k) = dd_1$,$d_1 > 1$,则有 $dd_1 \mid a_i$,即 $d_1 \mid \dfrac{a_i}{d}$ $(i=1, 2, \cdots, k)$,这样 d_1 便是 $\dfrac{a_1}{d}$,$\dfrac{a_2}{d}$,$\cdots$,$\dfrac{a_k}{d}$ 大于 1 的公约数,与 $\left(\dfrac{a_1}{d}, \dfrac{a_2}{d}, \cdots, \dfrac{a_k}{d}\right) = 1$ 矛盾,故

$$(a_1, a_2, \cdots, a_k) = d.$$

定理得证.

定理 1.3.7 如果 $(a_1, a_2, \cdots, a_k) = d$,且 $m \in \mathbf{Z}_+$,$c \mid a_i$ $(i=1, 2, \cdots, k)$,则有

(1) $(ma_1, ma_2, \cdots, ma_k) = md$;

(2) $\left(\dfrac{a_1}{c}, \dfrac{a_2}{c}, \cdots, \dfrac{a_k}{c}\right) = \dfrac{d}{c}$.

证明: (1) $\because$ $(a_1, a_2, \cdots, a_k) = d$,根据定理 1.3.6 得 $\left(\dfrac{a_1}{d}, \dfrac{a_2}{d}, \cdots, \dfrac{a_k}{d}\right) = 1$.

$\because$ $\dfrac{a_i}{d} = \dfrac{ma_i}{md}$ $(i=1, 2, \cdots, k)$,

$\therefore$ $\left(\dfrac{ma_1}{md}, \dfrac{ma_2}{md}, \cdots, \dfrac{ma_k}{md}\right) = 1$.

由定理 1.3.6 知 $(ma_1, ma_2, \cdots, ma_k) = md$.

(2) $\because$ $(a_1, a_2, \cdots, a_k) = d$,

$\therefore$ $\left(\dfrac{a_1}{d}, \dfrac{a_2}{d}, \cdots, \dfrac{a_k}{d}\right) = 1$.

$\because$ $\dfrac{a_i}{d} = \dfrac{a_i/c}{d/c}$ $(i=1, 2, \cdots, k)$,

$\therefore$ $\left(\dfrac{a_1/c}{d/c}, \dfrac{a_2/c}{d/c}, \cdots, \dfrac{a_n/c}{d/c}\right) = 1$.

则 $\left(\dfrac{a_1}{c}, \dfrac{a_2}{c}, \cdots, \dfrac{a_k}{c}\right) = \dfrac{d}{c}$.

定理得证.

定理 1.3.8 $[a_1, a_2, \cdots, a_k] = m$ 的充分必要条件是:

$$\left(\frac{m}{a_1}, \frac{m}{a_2}, \cdots, \frac{m}{a_k}\right) = 1.$$

证明：（必要性证明）

当 $[a_1, a_2, \cdots, a_k] = m$ 时，如果

$\left(\dfrac{m}{a_1}, \dfrac{m}{a_2}, \cdots, \dfrac{m}{a_k}\right) = c > 1$，则有

$c \left| \dfrac{m}{a_i} \right.$，即 $a_i \left| \dfrac{m}{c} \right.$ $(i = 1, 2, \cdots, k)$，

这样 $\dfrac{m}{c}$ 便是 $a_1, a_2, \cdots, a_k$ 的公倍数，又因为 $c > 1$，所以 $\dfrac{m}{c} < m$，

这与 $[a_1, a_2, \cdots, a_k] = m$ 矛盾，故 $\left(\dfrac{m}{a_1}, \dfrac{m}{a_2}, \cdots, \dfrac{m}{a_k}\right) = 1$.

（充分性证明）

∵ $\left(\dfrac{m}{a_1}, \dfrac{m}{a_2}, \cdots, \dfrac{m}{a_k}\right) = 1$，

∴ $a_i \mid m$ $(i = 1, 2, \cdots, k)$，即 m 是 $a_1, a_2, \cdots, a_k$ 的公倍数.

如果 $[a_1, a_2, \cdots, a_k] = m_1 \ne m$，根据定理 1.3.4 知 $m = m_1 q$，即 $m_1 = \dfrac{m}{q}$.

∵ $a_i \mid m_1$，∴ $a_i \left| \dfrac{m}{q} \right.$，

即 $q \left| \dfrac{m}{a_i} \right.$ $(i = 1, 2, \cdots, k)$. 则 q 是 $\dfrac{m}{a_1}, \dfrac{m}{a_2}, \cdots, \dfrac{m}{a_k}$ 的大于 1 的公约数，这与 $\left(\dfrac{m}{a_1}, \dfrac{m}{a_2}, \cdots, \dfrac{m}{a_k}\right) = 1$ 矛盾. 故 $[a_1, a_2, \cdots, a_k] = m$.

定理得证.

定理 1.3.9 如果 $[a_1, a_2, \cdots, a_k] = n$，且 $n \in \mathbf{N}$，$c \mid a_i$ $(i = 1, 2, \cdots, k)$，则有

(1) $[ma_1, ma_2, \cdots, ma_k] = mn$；

(2) $\left[\dfrac{a_1}{c}, \dfrac{a_2}{c}, \cdots, \dfrac{a_k}{c}\right] = \dfrac{n}{c}$.

(请读者仿照证定理 1.3.7 的方法自己加以证明)

定理 1.3.10

(1) $(a_1, a_2, \cdots, a_i, \cdots, a_k) = (a_i, a_2, \cdots, a_1, \cdots, a_k)$;

(2) $(a_1, a_2, \cdots, a_k) = ((a_1, a_2), a_3, \cdots, a_k)$;

(3) $(a_1, a_2, \cdots, a_{k+r})$
$= ((a_1, a_2, \cdots, a_k), (a_{k+1}, a_{k+2}, \cdots, a_{k+r}))$.

证明:(只证(3))

设 $(a_1, a_2, \cdots, a_{k+r}) = d_1$, $(a_1, a_2, \cdots, a_k) = d_2$,
$(a_{k+1}, a_{k+2}, \cdots, a_{k+r}) = d_3$, $(d_2, d_3) = d$.

∵ $d_1 \mid a_i$ $(i=1, 2, \cdots, k+r)$,

∴ $d_1 \mid d_2$, $d_1 \mid d_3$, 则 $d_1 \mid d$.

∵ $d \mid d_2$, $d \mid d_3$,

∴ $d \mid a_i$ $(i=1, 2, \cdots, k+r)$.

∵ $(a_1, a_2, \cdots, a_{k+r}) = d_1$.

∴ $d \mid d_1$.

∵ $d_1, d \in \mathbf{N}$, ∴ $d_1 = d$.

结论成立.

定理 1.3.11

(1) $[a_1, a_2, \cdots, a_i, \cdots, a_k]$
$= [a_i, a_2, \cdots, a_1, \cdots, a_k]$;

(2) $[a_1, a_2, \cdots, a_k] = [[a_1, a_2], a_3, \cdots, a_k]$;

(3) $[a_1, a_2, \cdots, a_{k+r}]$
$= [[a_1, a_2, \cdots, a_k], [a_{k+1}, a_{k+2}, \cdots, a_{k+r}]]$.

(请读者自己证明)

定理 1.3.10 与定理 1.3.11 表明:求多个数的最大公约数或最小公倍数时,随意交换数的前后次序,或将其中的某几个数结合成一组先求,结果不变. 另外,多个数的最大公约数、最小公倍数可以由求两个数的最大公约数、最小公倍数一步步地求出.

定理 1.3.12 $(a,b)[a,b]=ab$.

证明：令 $(a,b)=d,[a,b]=m$，则有

$\left(\dfrac{a}{d},\dfrac{b}{d}\right)=1,\left(\dfrac{m}{a},\dfrac{m}{b}\right)=1$，故

$\left(\dfrac{a}{d},\dfrac{b}{d}\right)\left(\dfrac{m}{a},\dfrac{m}{b}\right)=1$. 而

$\left(\dfrac{a}{d},\dfrac{b}{d}\right)\left(\dfrac{m}{a},\dfrac{m}{b}\right)=\left(\left(\dfrac{a}{d},\dfrac{b}{d}\right)\dfrac{m}{a},\left(\dfrac{a}{d},\dfrac{b}{d}\right)\dfrac{m}{b}\right)$

$=\left(\left(\dfrac{m}{d},\dfrac{mb}{ad}\right),\left(\dfrac{ma}{bd},\dfrac{m}{d}\right)\right)$

$=\left(\dfrac{m}{d},\dfrac{mb}{ad},\dfrac{ma}{bd},\dfrac{m}{d}\right)$

$=\left(\dfrac{abm}{abd},\dfrac{mb^2}{abd},\dfrac{ma^2}{abd},\dfrac{abm}{abd}\right)$，故

$\left(\dfrac{abm}{abd},\dfrac{mb^2}{abd},\dfrac{ma^2}{abd},\dfrac{abm}{abd}\right)=1$. 于是

$(abm,mb^2,ma^2,abm)=abd$. 而

(abm,mb^2,ma^2,abm)

$=m(ab,b^2,a^2,ab)$

$=m((a,b)b,(a,b)a)$

$=m(a,b)(a,b)$

$=md^2$，故

$md^2=abd$，即

$md=ab$，则 $ab=(a,b)[a,b]$.

定理得证.

推论 若 $(a,b)=1$，则 $[a,b]=ab$.

例3 求 $(36,108,204)$ 和 $[36,108,51]$.

解：$(36,108,204)$

$=4\times(9,27,51)$

$=4\times3\times(3,9,17)$

$= 12 \times ((3, 9), 17)$

$= 12 \times (3 \times (1, 3), 17)$

$= 12 \times (3, 17)$

$= 12 \times 1$

$= 12;$

$[36, 108, 51]$

$= 3 \times [12, 36, 17]$

$= 3 \times [[12, 36], 17]$

$= 3 \times [12 \times [1, 3], 17]$

$= 3 \times [12 \times 3, 17]$

$= 3 \times [36, 17]$

$= 3 \times 36 \times 17$

$= 1\,836,$

（这就是小学数学课本中介绍的短除法）

例4 用辗转相减法求

$$(8\,127, 11\,352, 21\,672, 27\,090).$$

解：

$(8\,127, 11\,352, 21\,672, 27\,090)$

$=(8\,127, 3\,225, 5\,418, 2\,709)$

$=(2\,709, 516, 0, 2\,709)$

$=(2\,709, 516, 0, 0)$

$=(516, 129, 0, 0)$

$=(129, 0, 0, 0)$

$=129.$

例5 证明：$[a, b, c] = \dfrac{abc(a, b, c)}{(a, b)(b, c)(c, a)}$.

证明：$\because [a, b, c] = [a, [b, c]]$

$$= \dfrac{a[b, c]}{(a, [b, c])}$$

$$= \dfrac{\dfrac{abc}{(b, c)}}{\left(a, \dfrac{bc}{(b, c)}\right)}$$

$$= \dfrac{abc}{(b, c)} \times \dfrac{(b, c)}{(a(b, c), bc)}$$

$$= \dfrac{abc}{(ab, bc, ca)}$$

$$= \dfrac{abc(a, b, c)}{(ab, bc, ca)(a, b, c)},$$

而 $(ab, bc, ca)(a, b, c)$

$= (ab(a, b, c), bc(a, b, c), ca(a, b, c))$

$= (a^2b, ab^2, abc, abc, b^2c, bc^2, ca^2, abc, c^2a)$

$= ((a^2b, abc), (ab^2, b^2c), (bc^2, abc), (ca^2, c^2a))$

$= (ab(a, c), b^2(a, c), bc(a, c), ca(a, c))$

$= (a, c)(ab, b^2, bc, ca)$

$= (a, c)((ab, b^2), (bc, ca))$

$= (a, c)(b(a, b), c(a, b))$

$= (a, c)(a, b)(b, c)$,

$\therefore [a, b, c] = \dfrac{abc(a, b, c)}{(a, b)(b, c)(c, a)}$.

结论成立.

定理 1.3.13 如果 $a \mid bc$, 且 $(a, b) = 1$, 则有 $a \mid c$.

证明：$\because a \mid bc, b \mid bc$,

$\therefore bc$ 是 a, b 的公倍数.

$\because (a, b) = 1$,

∴ $[a,b]=ab$（定理 1.3.12 的推论）.

则有 $ab\mid bc$，∵ $b\neq 0$，∴ $a\mid c$.

定理得证.

定理 1.3.14 如果 $(a,b)=1$，则有
$$(a,bc)=(a,c).$$

证明：∵ $(a,bc)\mid bc$，$(a,bc)\mid ac$，

∴ $(a,bc)\mid (bc,ac)$.

而 $(bc,ac)=c(b,a)$，

∵ $(b,a)=1$，∴ $(bc,ac)=c$.

则 $(a,bc)\mid (a,c)$，即 $(a,bc)\leqslant (a,c)$.

∵ $(a,c)\mid a$，$(a,c)\mid bc$，

∴ $(a,c)\mid (a,bc)$，即 $(a,c)\leqslant (a,bc)$

故 $(a,bc)=(a,c)$.

定理得证.

推论 1 若 $(a,b_i)=1$ $(i=1,2,\cdots,k,k\geqslant 2)$，则有 $(a,\prod\limits_{i=1}^{k}b_i)=1$.

证明：∵ $(a,b_1)=1$，$(a,b_2)=1$，

∴ $(a,b_1b_2)=1$.

∵ $(a,b_3)=1$，

∴ $(a,b_1b_2b_3)=1$.

……

则 $(a,\prod\limits_{i=1}^{k}b_i)=1$.

结论成立.

推论 2 若 $(a_i,b_j)=1$ $(i=1,2,\cdots,n,j=1,2,\cdots,m,n\geqslant 2,m\geqslant 2)$，则有
$$(\prod_{i=1}^{n}a_i,\prod_{j=1}^{m}b_j)=1.$$

第一章 整数的整除性

证明：∵ $(a_i, b_1) = (a_i, b_2) = \cdots = (a_i, b_m) = 1$，根据上面的推论1

∴ $(a_i, \prod_{j=1}^{m} b_j) = 1$ $(i = 1, 2, \cdots, n)$.

∵ $(a_1, \prod_{j=1}^{m} b_j) = (a_2, \prod_{j=1}^{m} b_j) = \cdots = (a_n, \prod_{j=1}^{m} b_j) = 1$，同上有

$$(\prod_{i=1}^{n} a_i, \prod_{j=1}^{m} b_j) = 1.$$

结论成立.

让推论2中的 $m = n$，$a_1 = a_2 = \cdots = a_n = a$，$b_1 = b_2 = \cdots = b_m = b$，则

$$\prod_{i=1}^{n} a_i = a^n, \quad \prod_{j=1}^{m} b_j = b^n,$$

从而可得到下面的推论3.

推论3 若 $n \in \mathbf{N}_+$，$(a, b) = 1$，则有

$$(a^n, b^n) = 1.$$

定理 1.3.15 如果 $a \mid c$，$b \mid c$，$(a, b) = 1$，则有 $ab \mid c$.

证明：∵ $(a, b) = 1$，

∴ $[a, b] = ab$.（定理 1.3.12 的推论）

∵ $a \mid c$，$b \mid c$，

∴ c 是 a，b 的公倍数，则 $[a, b] \mid c$，即 $ab \mid c$.

定理得证.

例6 已知 $1 + \dfrac{1}{2} + \dfrac{1}{3} + \cdots + \dfrac{1}{2\,002} = \dfrac{n}{m}$ $(m, n \in \mathbf{N}_+)$，那么 n 除以 2 003 余几？

解：∵ $2 \times \dfrac{n}{m}$

$= 1 + \dfrac{1}{2} + \dfrac{1}{3} + \cdots + \dfrac{1}{2\,002} + \dfrac{1}{2\,002} + \dfrac{1}{2\,001} + \dfrac{1}{2\,000} + \cdots + 1$

$= \left(1 + \dfrac{1}{2\,002}\right) + \left(\dfrac{1}{2} + \dfrac{1}{2\,001}\right) + \left(\dfrac{1}{3} + \dfrac{1}{2\,000}\right) + \cdots + \left(\dfrac{1}{2\,002} + 1\right)$

$= \dfrac{1 + 2\,002}{2\,002 \times 1} + \dfrac{2\,001 + 2}{2 \times 2\,001} + \dfrac{2\,000 + 3}{3 \times 2\,000} + \cdots + \dfrac{1 + 2\,002}{2\,002 \times 1}$

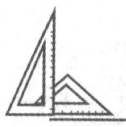

$$= 2\,003 \times \left(\frac{1}{2\,002 \times 1} + \frac{1}{2 \times 2\,001} + \frac{1}{3 \times 2\,000} + \cdots + \frac{1}{2\,002 \times 1} \right)$$

$$= \frac{2\,003}{2\,002!} \times (2\,001! + 1 \times 3 \times 4 \times \cdots \times 2\,000 \times 2\,002 + 1 \times 2 \times 4$$

$$\times \cdots \times 1\,999 \times 2\,001 \times 2\,002 + \cdots + 2\,001!).$$

则有 $2 \times n \times 2\,002! = 2\,003 \times m \times (2\,001! + 1 \times 3 \times 4 \times \cdots \times 2\,000$

$\times 2\,002 + 1 \times 2 \times 4 \times \cdots \times 1\,999 \times 2\,001 \times 2\,002 + \cdots + 2\,001!).$

∵ $(2, 2\,003) = 1$,$2\,003$ 是质数,$(2\,002!, 2\,003) = 1$,$m \in \mathbf{N}_+$,

$2\,001! + 1 \times 3 \times 4 \times \cdots \times 2\,000 \times 2\,002 + \cdots + 2\,001! \in \mathbf{Z}$,

∴ $2\,003 \mid n$,即

n 除以 $2\,003$ 余 0.

例 7 将 1 到 9 这九个数字按右图所示排成一个圆圈,在某相邻数字之间断开,分别按顺、逆时针方向形成两个九位数(如在 1,9 处断开,得 934 268 571,175 862 439 两个九位数),如断开后所得两个九位数之差能被 396 整除,那么断开处相邻两个数字的乘积是多少?

解:∵ $396 = 4 \times 9 \times 11$,$(4, 9) = (4, 11) = (9, 11) = 1$,

∴ 可分别考虑被 4,9,11 整除.

因为 1 到 9 九个数字之和是 45,$9 \mid 45$,所以由 1 到 9 这九个数字组成任一个九位数,一定能被 9 整除,那么这样的两个九位数的差当然能被 9 整除.也就是说,从任一处断开后所组成的两个九位数之差,均能被 9 整除.

再考虑两个九位数之差除以 11 的余数情况.不论从何处断开,题目中所考虑的两个九位数,其数字次序恰好颠倒了过来,因此它们的奇数位数字和与偶数位数字和之差完全一样,从而它们的差一定能被 11 整除,即从任一处断开后所组成的两个九位数之差,也

第一章 整数的整除性

均能被 11 整除.

最后考虑两个九位数之差除以 4 的余数情况. 根据一个数被 4 整除的特征可知, 这个数能否被 4 整除只需看末两位组成的两位数能否被 4 整除.

如在 1, 9 之间断开, 两个九位数的末两位组成的两个两位数分别为 71, 39, 71－39＝32, 4 | 32, 此时所得的两个九位数之差能被 396 整除.

类似考虑:

在 9, 3 之间断开, 43－19＝24, 4 | 24;

在 3, 4 之间断开, 93－24＝69, 4∤69;

在 4, 2 之间断开, 62－34＝28, 4 | 28;

在 2, 6 之间断开, 86－42＝44, 4 | 44;

在 6, 8 之间断开, 58－26＝32, 4 | 32;

在 8, 5 之间断开, 75－68＝7, 4∤7;

在 5, 7 之间断开, 85－17＝68, 4 | 68;

在 7, 1 之间断开, 91－57＝34, 4∤34.

由上可知, 本题共有下面六个答案:

$1\times 9=9$, $9\times 3=27$, $4\times 2=8$,

$2\times 6=12$, $6\times 8=48$, $5\times 7=35$.

例 8 已知 $99 \mid \overline{81ab93}$, 求 $\overline{81ab93}$.

解: $\because\ 99=9\times 11, (9, 11)=1$,

$\therefore\ 9 \mid \overline{81ab93}, 11 \mid \overline{81ab93}$.

当 $9 \mid \overline{81ab93}$ 时, $9 \mid (8+1+a+b+9+3)$.

当 $11 \mid \overline{81ab93}$ 时, $11 \mid [(3+b+1)-(9+a+8)]$.

即 $\begin{cases} a+b+3=9k \\ b-a-2=11l \end{cases}$ $(k, l \in \mathbf{Z})$,

$\because\ 3 \leqslant 9k \leqslant 21, -11 \leqslant 11l \leqslant 7$,

$\therefore\ k=1$ 或 2, $l=-1$ 或 0,

45

当 $k=1$，$l=-1$ 时，有
$$\begin{cases} a+b+3=9 \\ b-a-2=-11 \end{cases}.$$
此时，a，b 无解.

当 $k=1$，$l=0$ 时，有
$$\begin{cases} a+b+3=9 \\ b-a-2=0 \end{cases}.$$
解之得
$$\begin{cases} a=2 \\ b=4 \end{cases}.$$

当 $k=2$，$l=-1$ 时，有
$$\begin{cases} a+b+3=18 \\ b-a-2=-11 \end{cases}.$$
此时方程组无解.

当 $k=2$，$l=0$ 时，有
$$\begin{cases} a+b+3=18 \\ b-a-2=0 \end{cases}.$$
此时方程组也无解.

∴ $\overline{81ab93}=812\,493$.

另解：∵ $\overline{81ab93}=810\,093+1\,000a+100b$

$810\,093=99\times 8\,182+75$，$1\,000a=990a+10a$，$100b=99b+b$，

∴ $\overline{81ab93}=99\times(8\,182+110a+b)+(75+10a+b)$，

当 $99 \mid \overline{81ab93}$ 时，$99 \mid (75+10a+b)$.

而 $75\leqslant 10a+b+75\leqslant 174$，

则只有 $75+10a+b=99$.

此时，$a=2$，$b=4$.

答案为 $812\,493$，与上面结果一样.

例 9 已知 $a^2+b^2=468$，$(a,b)+[a,b]=42$，求 a，b.

解：设 $(a,b)=d$，则 $d^2 \mid (a^2+b^2)$.

∵ 4 | 468, 9 | 468, 36 | 468,

∴ $d = 2, 3, 6$.

当 $(a, b) = 2$ 时, $[a, b] = 42 - 2 = 40$.

令 $a = 2q_1$, $b = 2q_2$, $(q_1, q_2) = 1$, 此时

$$[a, b] = \frac{ab}{(a, b)} = \frac{4q_1 q_2}{2} = 40,$$

$q_1 q_2 = 20$, $20 = 1 \times 20 = 4 \times 5$, $(1, 20) = (4, 5) = 1$, 此时有

$$\begin{cases} a = 2, 40, 8, 10 \\ b = 40, 2, 10, 8 \end{cases}.$$

当 $(a, b) = 3$ 时, $[a, b] = 42 - 3 = 39$.

令 $a = 3q_1$, $b = 3q_2$,

此时

$$39 = [a, b] = \frac{ab}{(a, b)} = \frac{9q_1 q_2}{3}, 则有$$

$q_1 q_2 = 13$, $13 = 1 \times 13$, $(1, 13) = 1$,

此时有 $\begin{cases} a = 3, 39 \\ b = 39, 3 \end{cases}$.

当 $(a, b) = 6$ 时, $[a, b] = 42 - 6 = 36$, 令 $a = 6q_1$, $b = 6q_2$, 则有

$$36 = [a, b] = \frac{36 q_1 q_2}{6}, 故$$

$q_1 q_2 = 6$, $6 = 1 \times 6 = 2 \times 3$, $(1, 6) = (2, 3) = 1$, 此时有

$$\begin{cases} a = 6, 36, 12, 18 \\ b = 36, 6, 18, 12 \end{cases}.$$

上述各答案中只有当 a, b 分别为 12, 18 时, $a^2 + b^2$ 才正好是 468, 故 a, b 分别为 12, 18.

例 10 求证: $\log_2 5$ 是无理数.

证明: ∵ $\log_2 4 < \log_2 5 < \log_2 8$,

∴ $2 < \log_2 5 < 3$.

故 $\log_2 5$ 不是整数.

若 $\log_2 5$ 是有理数,可令 $\log_2 5 = \dfrac{q}{p}$（$(p, q) = 1$,$p, q \in \mathbf{N}_+$,$p > 1$）.

则 $2^{\frac{q}{p}} = 5$,即 $2^q = 5^p$.

∵ $(2, 5) = 1$,

∴ $(2^q, 5^p) = 1$,故 $2^q \neq 5^p$.

故 $\log_2 5$ 不是有理数.

综上所述,$\log_2 5$ 是无理数.

例 11 求证:$[a^n, b^n] = [a, b]^n$ ($n \in \mathbf{N}_+$).

证明:∵ $[a^n, b^n] = \dfrac{a^n b^n}{(a^n, b^n)}$,

而 $(a^n, b^n) = \left((a, b)^n \dfrac{a^n}{(a, b)^n},\ (a, b)^n \dfrac{b^n}{(a, b)^n} \right)$

$= (a, b)^n \left(\left(\dfrac{a}{(a, b)}\right)^n,\ \left(\dfrac{b}{(a, b)}\right)^n \right)$,

∵ $\left(\dfrac{a}{(a, b)},\ \dfrac{b}{(a, b)}\right) = 1$,

∴ $\left(\dfrac{a^n}{(a, b)^n},\ \dfrac{b^n}{(a, b)^n}\right) = 1$,即 $(a^n, b^n) = (a, b)^n$.

∴ $\left(\left(\dfrac{a}{(a, b)}\right)^n,\ \left(\dfrac{b}{(a, b)}\right)^n \right) = 1$.

故 $[a^n, b^n] = \dfrac{a^n b^n}{(a^n, b^n)} = \dfrac{a^n b^n}{(a, b)^n}$

$= \left(\dfrac{ab}{(a, b)}\right)^n = [a, b]^n.$

结论成立.

例 12 设自然数 $A = 10x + y$（y 是 A 的个位数字,x 是非负整数,则 $(10n - 1) \mid A$ 的充分必要条件是:$(10n - 1) \mid (x + ny)$ ($n \in \mathbf{N}_+$). 并用此法判断 21 498 能否被 19 整除,21 489 能否被 29 整除.

证明：$A = 10x + y = 10x + 10ny - 10ny + y$
$= 10(x+ny) - (10n-1)y.$

（必要性证明）

∵ $(10n-1) | A$，$(10n-1) | (10n-1)y$，

$10(x+ny) = A + (10n-1)y$，

∴ $(10n-1) | 10(x+ny)$.

∵ $(10n-1, 10) = 1$，

∴ $(10n-1) | (x+ny)$.

（充分性证明）

∵ $(10n-1) | (x+ny)$，

$(10n-1) | (10n-1)y$，

$A = 10(x+ny) - (10n-1)y$，

∴ $(10n-1) | A$.

结论成立.

下面用此法判断 21 498 能否被 19 整除.

$19 = 20 - 1$，$n = 2$，

```
  2 1 4 9 8
+     1 6
  2 1 6 5
+     1 0
  2 2 6
+   1 2
      3 4
```

∵ $19 \nmid 34$，∴ $19 \nmid 21\,498$.

$29 = 30 - 1$，$n = 3$，

```
  2 1 4 9 8
+     2 7
  2 1 7 5
+     1 5
  2 3 2
+     6
      2 9
```

∵ 29 | 29, ∴ 29 | 21 489.

由于这种判断法是反复去掉整数的个位数字做加法，故简称这种方法为**割(尾)加法**.

习题 1.3

1. 求 $(30, 45, 84)$；$[30, 45, 84]$；
   $(21n+4, 14n+3)(n \in \mathbf{N})$.

2. 当 $n \in \mathbf{N}$ 时，求证：
   $$(n-1, n+1) = \begin{cases} 1 & (当 2 \mid n 时) \\ 2 & (当 2 \nmid n 时) \end{cases}$$

3. 用辗转相除法求 $(4\ 453, 5\ 767)$.

4. 已知 $24 \mid \overline{62742ab}$，求 a, b.

5. 求证：$\lg 2, \sqrt{15}$ 是无理数.

6. 已知 $a+b=60, (a, b)+[a, b]=84$，求 a, b.

7. 求证：$\dfrac{[a, b, c]^2}{[a, b][b, c][c, a]} = \dfrac{(a, b, c)^2}{(a, b)(b, c)(c, a)}$.

8. 设自然数 $A = 10x + y$（y 是 A 的个位数字，x 为非负整数），求证：$(10n+1) \mid A$ 的充分必要条件是
   $(10n+1) \mid (x-ny)(n \in \mathbf{N}_+)$.

   利用这一结论，参照上面例 12 的方法，判断下列各数能否被 31, 41, 51 整除（这种方法简称为**割(尾)减法**）：
   $$26\ 691,\ 1\ 076\ 537,\ 1\ 361\ 241.$$

9. 写出小于 20 的三个自然数，使它们的最大公约数是 1，但两两均不互质.

10. 有 15 个学生，每个学生都有一个编号，分别是 1 号到 15 号. 1 号学生写了一个自然数，2 号说："这个数能被 2 整除". 3 号说："这个数能被 3 整除". ……依次下去，每个学生都说这个数

能被他自己的编号整除. 1号对上述说法做了一一验证,发现只有两个连续编号的学生说得不对,其余学生都对. 问:

(1) 说的不对的两个学生的编号是多少?

(2) 如果1号写的是个五位数,这个五位数是多少?

11. 用某一个数去除 701,1 059,1 417,2 312 这四个数,所得余数都相同,满足要求的所有除数中最大的那个数是多少?

12. 请填出下面发票中□内的数字:

品 名	数 量	单 位	单价(元)	总价(元)
课 桌	72	张	□.□□	□□7.7□
课 椅	77	把	□.□□	3□□.□□
合 计 金 额 (元)				□□3□.55

13. 求证:当 $n \geqslant 2$ 时有:

(1) $(a_1, a_2, \cdots, a_n)$

$$= \frac{\prod_{i=1}^{n} a_i}{[a_2 a_3 \cdots a_n, a_1 a_3 \cdots a_n, \cdots, a_1 a_2 \cdots a_{n-1}]};$$

(2) $[a_1, a_2, \cdots, a_n]$

$$= \frac{\prod_{i=1}^{n} a_i}{(a_2 a_3 \cdots a_n, a_1 a_3 \cdots a_n, \cdots, a_1 a_2 \cdots a_{n-1})}.$$

14. 某位同学没有注意写在两个七位数之间的乘号,将其误认为是一个14位数,有趣的是此14位数正好是原来两个七位数乘积的三倍,试求出这三个数.

§1.4 算术基本定理

1. 算术基本定理

定理 1.4.1 设 $a, a_i (i=1, 2, \cdots, n)$ 是正整数,p 是质数,

则有

(1) $p \nmid a$ 的充分必要条件是：$(p, a) = 1$；

(2) 若 $p \mid \prod_{i=1}^{n} a_i$，则 $p \mid a_1, p \mid a_2, \cdots, p \mid a_n$ 中至少有一个成立.

证明：(1) ∵ 若 $p \mid a$，则 $(p, a) = p > 1$，

∴ 若 $(p, a) = 1$，就有 $p \nmid a$，反之，当 $p \nmid a$ 时，可令 $(p, a) = d$，则有 $d \mid p, d \mid a$，但 p 是质数，其正约数只有 1 和 p.

∵ $d \mid a, p \nmid a$, ∴ $d \neq p$.

故必有 $d = 1$，即 $(p, a) = 1$，

结论(1)成立.

(2) 若 $p \nmid a_1, p \nmid a_2, \cdots, p \nmid a_n$ 均成立，由(1)知 $(p, a_i) = 1$ ($i = 1, 2, \cdots, n$).

根据定理 1.3.14 的推论 1 知：$(p, \prod_{i=1}^{n} a_i) = 1$，由(1)知 $p \nmid \prod_{i=1}^{n} a_i$，这与已知条件 $p \mid \prod_{i=1}^{n} a_i$ 矛盾，故 $p \mid a_1, p \mid a_2, \cdots, p \mid a_n$ 中至少有一个成立.

结论(2)成立.

定理得证.

定理 1.4.2 设 a 是大于 1 的整数，则必有 $a = \prod_{i=1}^{n} p_i$ (p_i 是质数)，且在不计次序的意义下，$a = \prod_{i=1}^{n} p_i$ 这一表达式是唯一的.

证明：若 a 是质数，定理显然成立.

论 a 是合数，根据定理 1.2.2 知 a 必有质数约数 p_1，使 $a = p_1 a_1$，$1 < a_1 < a$.

若 a_1 是质数，定理成立. 若 a_1 是合数，同理 a_1 有质数约数 p_2，使 $a_1 = p_2 a_2$，$1 < a_2 < a_1$，故 $a = p_1 p_2 a_2$，$1 < a_2 < a_1 < a$.

这样继续下去，可以得到一递减的正整数数列：$a > a_1 > a_2 > \cdots > 1$.

上述数列显然只能有有限项,故最后一定出现一个质数 a_{n-1},使 $a_{n-2}=p_{n-1}a_{n-1}$,令 $a_{n-1}=p_n$,则有 $a=\prod_{i=1}^{n}p_i$. 这里 p_1, p_2, $\cdots$, p_n 全是质数. 这就证明了表达式的存在性,下面再证明表达式的唯一性.

设除了表达式 $a=\prod_{i=1}^{n}p_i$(p_i 全是质数)外还有表达式 $a=\prod_{i=1}^{m}q_i$(q_i 全是质数),则

$$\prod_{i=1}^{n}p_i=\prod_{i=1}^{m}q_i. \tag{1}$$

由此可推出 $p_1 \mid \prod_{i=1}^{m}q_i$,由定理 1.4.1 的第(2)个结论知,$p_1$ 必整除某一个 $q_t(1 \leqslant t \leqslant m)$,不妨设 $p_1 \mid q_1$,但 p_1,q_1 都是质数,所以 $p_1=q_1$,消去 p_1,q_2,(1)式可变为 $\prod_{i=2}^{n}p_i=\prod_{i=2}^{m}q_i$. (2)

同理,又可得 $p_2=q_2$,(2)式可变为

$$\prod_{i=3}^{n}p_i=\prod_{i=3}^{m}q_i. \tag{3}$$

如此继续进行下去,直到(1)式有一边的乘积的因数全部约去只剩下 1 为止. 这时(1)式的另一边乘积的因数也应全部约去,否则,不妨设(1)式右边乘积的因数已全部约去,而左边乘积的因数未被全部约去,即 $n>m$,于是有 $p_{m+1}p_{m+2}\cdots p_n=1$.

∵ p_{m+1},p_{m+2},$\cdots$,p_n 全是质数,

∴ $p_{m+1}p_{m+2}\cdots p_n=1$ 显然是不可能的. 这说明,(1)式两边是某些同样的质数之乘积,且同一个质数在(1)式两边出现的次数也是一样的,故如不计次序,表达式 $a=\prod_{i=1}^{n}a_i$ 是唯一的.

定理得证.

把 $a=\prod_{i=1}^{n}p_i$ 中相同的质数合并,即得

$a=p_1^{\alpha_1}p_2^{\alpha_2}\cdots p_s^{\alpha_s}$,$p_1<p_2<\cdots<p_s$,$\alpha_i \geqslant 1(i=1, 2, \cdots, n)$.

定理 1.4.2 是初等数论应用最广泛、最重要和最基本的定理,

称为**唯一分解定理**或**算术基本定理**.

定义 1.6 把一个合数写成质数因数连乘积的形式,称为分解质因数. $a=\prod_{i=1}^{n}p_i^{\alpha_i}$ 称为 a 的标准分解式,质数 $p_i(i=1,2,\cdots,n)$ 称为 a 的质因数(有时为了方便,在标准分解式中还可以添加某些质数的零次幂,故以后让 $\alpha_i \geqslant 0$, $i=1,2,\cdots,n$).

例 1 求 9 828 的标准分解式.

解: ∵ $9\,828 = 9 \times 1\,092$
$\qquad\qquad = 3^2 \times 3 \times 364$
$\qquad\qquad = 3^3 \times 4 \times 91$
$\qquad\qquad = 2^2 \times 3^3 \times 7 \times 13,$

∴ $\qquad 9\,828 = 2^2 \times 3^3 \times 7 \times 13.$

(称此法为**直接分解法**)

也可用短除法:

```
2 | 9828
2 | 4914
3 | 2457
3 |  819
3 |  273
7 |   91
        13
```

∴ $9\,828 = 2^2 \times 3^2 \times 7 \times 13.$

例 2 将 0.14,0.33,0.35,0.3,0.75,0.39,1.43,1.69 分成两组(每组四个数),怎么分才能使两组的乘积相等?

解:先将这八个数分别扩大 100 倍,得 14,33,35,30,75,39,143,169,它们的标准分解式为:

$14 = 2 \times 7,$ $\qquad\qquad 33 = 3 \times 11,$

$35 = 5 \times 7,$ $\qquad\qquad 30 = 2 \times 3 \times 5,$

$75 = 3 \times 5^2,$ $\qquad\qquad 39 = 3 \times 13,$

$143 = 11 \times 13$, $\qquad 169 = 13^2$.

上述八个标准分解式中共出现了：

2个2，4个3，4个5，2个11，2个7，4个13. 把这些质因数的个数一分为二，适当搭配，可以得到下面的一种分法：

14，33，75，169算一组，其余各数算另一组，即 $0.14 \times 0.33 \times 0.75 \times 1.69 = 0.35 \times 0.3 \times 0.39 \times 1.43$. （还有别的分组法吗？）

例3 设 $a, b \in \mathbf{N}_+$，并规定一种运算"$*$"，让 $a * b = a(a+1)(a+2)\cdots(a+b-1)$，如果 $(x*3)*4 = 421\,200$，那么自然数 x 是多少？

解：$a * b$ 表示从 a 开始的连续 b 个自然数的积.

$\because (20)^4 < 421\,200 < (30)^4$,

$\therefore$ 满足要求的连续四个自然数在20与30之间.

$\because 421\,200 = 2^4 \times 3^4 \times 5^2 \times 13$,

而 $13 < 20$，$\therefore$ 四个连续自然数中一定有一个数是13的倍数，这个数还要小于30，只能是26.

与26相邻的连续四个自然数有下面几种情况：23，24，25，26；24，25，26，27；25，26，27，28；26，27，28，29.

$\because 421\,200$ 的标准分解式中没有质因数23，29，

$\therefore$ 23，24，25，26 与 26，27，28，29 这两种情况不可能出现.

$\because 28 = 2^2 \times 7$，$421\,200$ 的标准分解式中也没有质因数7，

$\therefore$ 25，26，27，28 这种情况也不可能出现，故

$$421\,200 = 24 \times 25 \times 26 \times 27.$$

根据 $a * b$ 的定义知：

$x * 3 = 24$，$24 = 2 \times 3 \times 4$.

$\therefore x = 2$.

定理1.4.3 设 $a = \prod_{i=1}^{n} p_i^{\alpha_i}$，则 d 是 a 的正约数的充分必要条件

是：$d = \prod_{i=1}^{k} p_i^{\beta_i}$ $(0 \leq \beta_i \leq \alpha_i,\ k \leq n)$.

证明：(充分性证明)

∵ $d = \prod_{i=1}^{k} p_i^{\beta_i} > 0$,

$a = \prod_{i=1}^{n} p_i^{\alpha_i}$

$= \prod_{i=1}^{k} p_i^{\beta_i} \cdot \prod_{i=1}^{k} p_i^{\alpha_i - \beta_i} \cdot \prod_{i=k+1}^{n} p_i^{\alpha_i}$

$= d \prod_{i=1}^{k} p_i^{\alpha_i - \beta_i} \cdot \prod_{i=k+1}^{n} p_i^{\alpha_i}$.

∴ $d \mid a$, 即 d 是 a 的正约数.

(必要性证明)

若 $d \mid a$, 则 d 的标准分解式中的质因数全是 a 的标准分解式中的质因数, 但 a 的标准分解式是唯一的, 所以 d 的标准分解式的质因数只能是 $p_1, p_2, \cdots, p_n$ 中的某些质数, 且这些质数 p_i 在 d 的标准分解式出现的指数 β_i 不大于 α_i, 即

$$d = \prod_{i=1}^{k} p_i^{\beta_i}\ (0 \leq \beta_i \leq \alpha_i,\ k \leq n).$$

定理得证.

推论 设 $a = \prod_{i=1}^{n} p_i^{\alpha_i}$, $b = \prod_{i=1}^{n} p_i^{\beta_i}$, 则有

$$(a, b) = \prod_{i=1}^{n} p_i^{\gamma_i},\ [a, b] = \prod_{i=1}^{n} p_i^{\delta_i}.$$

这里 $\gamma_i = \min(\alpha_i, \beta_i)$, $\delta_i = \max(\alpha_i, \beta_i)$.

上述推论中的结论对于 $n(n \geq 3)$ 个正整数也是成立的, 证明请读者自己补上.

例 4 用上述推论中的方法求：

$(36, 108, 204)$; $[36, 108, 204]$.

解：∵ $36 = 2^2 \times 3^2$, $108 = 2^2 \times 3^3$,

$204 = 2^2 \times 3 \times 17$,

∴ $(36, 108, 204) = 2^2 \times 3 = 12$,

$[36, 108, 204] = 2^2 \times 3^3 \times 17 = 1\,836$.

以后称上述求最大公约数与最小公倍数的方法为**分解质因数法**.

例 5 将一个两位数的质数写在另一个与它不同的两位数质数的后面,得一个四位数,这个四位数恰好能被这两个质数和的一半整除,试求所有的这样的四位数.

解:设这两个质数分别为 p, q,
$p = \overline{ab}, q = \overline{cd}, p \neq q$,
$100p + q = \overline{abcd} = 100\,\overline{ab} + \overline{cd}$,

∵ $\dfrac{p+q}{2} \mid (100p+q)$,

令 $100p + q = \dfrac{p+q}{2} q_1$,

则有 $200p + 2q = (p+q)q_1$,

即 $198p + 2(p+q) = (p+q)q_1$,

∴ $198p = (p+q)(q_1 - 2)$.

∵ $(p, p+q) = 1$,

∴ $(p+q) \mid 198$.

而 $p + q \geq 13 + 11 = 24$,

$198 = 2 \times 3^2 \times 11$.

故 198 大于 24 的约数有 33, 66, 99, 198.

因为大于 10 的质数都是奇数,两个奇数的和是偶数,所以它们的和不可能为 33, 99, 而 $198 = 99 + 99$,此时也无解,故只考虑 66.

$66 = 13 + 53 = 19 + 47 = 23 + 43 = 29 + 37$,

此时四位数可以是

1 353, 5 313, 1 947, 4 719, 2 343, 4 323, 2 937, 3 729.

例 6 设 p 为质数, $a, r \in \mathbf{N}_+$,如果 $p^r \mid a$,且 $p^{r+1} \nmid a$,这时称 p^r 为 a 的 p 成分,用 $p(a)$ 表示 a 的 p 成分的幂指数,即 $p(a) = r$.

试证：
$$p(\prod_{i=1}^{k}a_i)=\sum_{i=1}^{k}p(a_i).$$

证明：设 $a_i=p^{\alpha_i}q_i$，$p\nmid q_i(i=1,2,\cdots,k)$.

则有 $p(a_i)=\alpha_i$，

∵ $\prod_{i=1}^{k}a_i=p^{\sum_{i=1}^{k}\alpha_i}\prod_{i=1}^{k}q_i$，$p\nmid\prod_{i=1}^{k}q_i$，

∴ $p(\prod_{i=1}^{k}a_i)=\sum_{i=1}^{k}\alpha_i$.

而 $\sum_{i=1}^{k}\alpha_i=\sum_{i=1}^{k}p(a_i)$，故

$$p(\prod_{i=1}^{k}a_i)=\sum_{i=1}^{k}p(a_i).$$

结论成立.

例7 求证：$[a,b,c](ab,bc,ca)$
$=(a,b,c)[ab,bc,ca]$.

证明：对于质数 p，设 $p(a)=l$，$p(b)=m$，$p(c)=n$ ($l,m,n\in \mathbf{N}_+$).

∵ $p([a,b,c](ab,bc,ca))$
$=p([a,b,c])+p((ab,bc,ca))$
$=\max(l,m,n)+\min(p(ab),p(bc),p(ca))$.

而 $p(ab)=p(a)+p(b)=l+m$，
$p(bc)=p(b)+p(c)=m+n$，
$p(ca)=p(c)+p(a)=n+l$，

∴ $p([a,b,c](ab,bc,ca))$
$=\max(l,m,n)+\min(l+m,m+n,n+l)$.

又 $p((a,b,c)[ab,bc,ca])$
$=p((a,b,c))+p([ab,bc,ca])$
$=\min(l,m,n)+\max(l+m,m+n,n+l)$.

不妨设 $l\geqslant m\geqslant n$，

此时有 $\max(l,m,n)+\min(l+m,m+n,n+l)$

$= l+m+n$,

$\min(l, m, n) + \max(l+m, m+n, n+l)$

$= n+l+m$，故有

$p([a, b, c](ab, bc, ca)) = p((a, b, c)[ab, bc, ca])$.

由于 p 是任意质数，所以

$[a, b, c](ab, bc, ca) = (a, b, c)[ab, bc, ca]$.

结论成立.

2. 自然数的正约数的个位及所有正约数的和

定义 1.7 $\tau(a)$ 表示自然数 a 所有正约数的个数（通常也称为除数函数），如 $\tau(2)=2$，$\tau(4)=3$.

$\sigma(a)$ 表示自然数 a 的所有正约数的和，如 $\sigma(2)=1+2=3$，$\sigma(4)=1+2+4=7$.

定理 1.4.4 若 $a=\prod_{i=1}^{n}p_i^{\alpha_i}$，则

$$\tau(a)=\prod_{i=1}^{n}(\alpha_i+1).$$

证明：$\because a=\prod_{i=1}^{n}p_i^{\alpha_i}$，

$\therefore a$ 的任一正约数均可写成以下形式：$\prod_{i=1}^{n}p_i^{x_i}$ $(0 \leqslant x_i \leqslant \alpha_i)$.

上式中的每一个 x_i 都可以取 $0, 1, \cdots, \alpha_i$ 这 (α_i+1) 个不同的值，而每一个 x_i 又可以与其他 $x_j (i \neq j)$ 任意组成 a 的正约数，根据排列组合中的分步计数原理，总共有

$$(\alpha_1+1)(\alpha_2+1)\cdots(\alpha_n+1)$$

种可能性，故 a 的正约数共有 $\prod_{i=1}^{n}(\alpha_i+1)$ 个.

$\therefore \tau(a)=\prod_{i=1}^{n}(\alpha_i+1)$.

定理得证.

定理 1.4.4 告诉我们：**一个大于 1 的整数的正约数的个数，等**

于它的标准分解式中每个质因数的指数加 1 的连乘积.

推论 若 $(a,b)=1$，则 $\tau(ab)=\tau(a)\tau(b)$.

证明：设 $a=\prod\limits_{i=1}^{n}p_i^{\alpha_i}$，$b=\prod\limits_{i=1}^{m}q_i^{\beta_i}$.

$\because (a,b)=1$，$\therefore p_i\neq q_j\ (i\neq j)$.

则
$$ab=\prod_{i=1}^{n}p_i^{\alpha_i}\prod_{i=1}^{m}q_i^{\beta_i}.$$

$$\tau(ab)=\prod_{i=1}^{n}(\alpha_i+1)\prod_{i=1}^{m}(\beta_i+1)$$
$$=\tau(a)\tau(b).$$

结论成立.

定理 1.4.5 若 $(a,b)=1$，则 $\sigma(ab)=\sigma(a)\sigma(b)$.

证明：设 $A=\{x\mid x\in\mathbf{N}_+\text{且}x\text{整除}a\}$，

$B=\{y\mid y\in\mathbf{N}_+\text{且}y\text{整除}b\}$，

$C=\{z\mid z\in\mathbf{N}_+\text{且}z\text{整除}ab\}$.

则
$$\sigma(a)=\sum_{x\in A}x,$$
$$\sigma(b)=\sum_{y\in B}y,$$
$$\sigma(ab)=\sum_{z\in C}z.$$

对任意 $x\in A$，$y\in B$，有 $xy\in C$.

由于 $(a,b)=1$，所以对

$x_1\neq x_2$，$y_1\neq y_2$，则 $x_1y_1\neq x_2y_2$.

从而 $\sum\limits_{x\in A}x\cdot\sum\limits_{y\in B}y\leqslant\sum\limits_{z\in C}z$.

反之若任意 $z\in C$，必存在 $x\in A$，$y\in B$，

使 $z=xy$. 同样 z 不同，x,y 也不同.

从而 $\sum\limits_{z\in C}z\leqslant\sum\limits_{x\in A}x\cdot\sum\limits_{y\in B}y$.

这样 $\sum\limits_{x\in A}x\cdot\sum\limits_{y\in B}y=\sum\limits_{z\in C}z$.

即 $\sigma(ab)=\sigma(a)\sigma(b)$.

结论成立.

推论 若 $a=\prod_{i=1}^{n}p_i^{\alpha_i}$,则

$$\sigma(a)=\prod_{i=1}^{n}\frac{p_i^{\alpha_i+1}-1}{p_i-1}.$$

证明:

当 $a=p_1^{\alpha_1}$ 时, a 的一切正约数为

$$1, p_1, p_1^2, \cdots, p_1^{\alpha_1},$$

此时 $\sigma(a)=1+p_1+p_1^2+\cdots+p_1^{\alpha_1}=\frac{p_1^{\alpha_1+1}-1}{p_1-1}.$

结论成立.

假设 $n=k$ 时,结论成立,即

$$\sigma(\prod_{i=1}^{k}p_i^{\alpha_i})=\prod_{i=1}^{k}\frac{p_i^{\alpha_i+1}-1}{p_i-1}.$$

则当 $n=k+1$ 时,

$$a=\prod_{i=1}^{k+1}p_i^{\alpha_i}=\prod_{i=1}^{k}p_i^{\alpha_i}\cdot p_{k+1}^{\alpha_{k+1}}$$

注意到 $(p_{k+1}, p_i)=1$ $(i=1, 2, \cdots, k)$,

则 $(p_{k+1}^{\alpha_{k+1}}, \prod_{i=1}^{k}p_i^{\alpha_i})=1.$

由以上推论知

$$\sigma(\prod_{i=1}^{k+1}p_i^{\alpha_i})=\sigma(\prod_{i=1}^{k}p_i^{\alpha_i}\cdot p_{k+1}^{\alpha_{k+1}})$$
$$=\sigma(\prod_{i=1}^{k}p_i^{\alpha_i})\sigma(p_{k+1}^{\alpha_{k+1}})$$
$$=\prod_{i=1}^{k}\frac{p_i^{\alpha_i+1}-1}{p_i-1}\cdot\frac{p_{k+1}^{\alpha_{k+1}+1}-1}{p_{k+1}-1}$$
$$=\prod_{i=1}^{k+1}\frac{p_i^{\alpha_i+1}-1}{p_i-1}.$$

结论成立.

定理 1.4.6 用 $\sigma_1(a)$ 表示自然数 a 的一切正约数的乘积,则 $\sigma_1(a)=\sqrt{a^{\tau(a)}}.$

证明: $\because a$ 的一切正约数共有 $\tau(a)$ 个,

∴令 a 的一切正约数分别为：

$d_1, d_2, \cdots, d_{\tau(a)}$.

∵ $\dfrac{a}{d_i}$ ($i=1, 2, \cdots, \tau(a)$) 也是 a 的一切正约数，

∴ $\sigma_1(a) = d_1 d_2 \cdots d_{\tau(a)}$

$= \dfrac{a}{d_1} \cdot \dfrac{a}{d_2} \cdots \dfrac{a}{d_{\tau(a)}}$,

即 $a^{\tau(a)} = (d_1 d_2 \cdots d_{\tau(a)})^2$.

故 $\sigma_1(a) = \sqrt{a^{\tau(a)}}$.

定理得证.

例 8 已知自然数 n 有 20 个正约数，它们从小到大依次记作 $d_1, d_2, \cdots, d_{20}$，且 $d_8 = 20$，$d_1 + d_4 + d_6 = d_7$，$d_4 + d_8 + d_{13} = d_{14}$，求 n.

解：∵ $d_8 \mid n$，$d_8 = 20 = 2^2 \times 5$，

∴ n 至少含有 2，5 这两个质因数.

∵ $20 = 2 \times 2 \times 5 = 2 \times 10 = 4 \times 5$,

∴ n 的标准分解式可以是以下各种情况：$n = 2^4 \times 5 \times p$（$p$ 是 2，5 以外的质因数），

$n = 2^9 \times 5$，$n = 2^3 \times 5^4$，$n = 2^4 \times 5^3$.

当 $n = 2^4 \times 5 \times p$ 时，

若 $p = 3$，$d_1, d_2, \cdots, d_8$ 依次为 1，2，3，4，5，6，8，10. 此时 $d_8 = 10$，与 $d_8 = 20$ 矛盾.

若 $p = 7$，$d_1, d_2, \cdots, d_8$ 依次为 1，2，4，5，7，8，10，14. 此时 $d_8 = 14$，与 $d_8 = 20$ 矛盾.

若 $7 < p < 23$ 时，$d_1, d_2, \cdots, d_8$ 依次为 1，2，4，5，8，10，p，16 或 1，2，4，5，8，10，16，p，均与 $d_8 = 20$ 矛盾.

若 $p \geqslant 23$，n 的正约数依次为 1，2，4，5，8，10，16，20，p，40，$2p$，80，$4p$，$5p$，$\cdots$ 或 1，2，4，5，8，10，16，20，40，p，80，$2p$，$4p$，$5p$，$\cdots$ 或 1，2，4，5，8，10，16，20，

40,80,p,$2p$,$4p$,$5p$,…

∴$d_4=5$,$d_8=20$,$d_{13}=4p$,$d_{14}=5p$.

则有 $5+20+4p=5p$,$p=25$ 不是质数,故 n 的标准分解式不能是 $2^4\times 5\times p$.

当 $n=2^9\times 5$ 时,$d_4=5$,$d_8=20$,$d_{13}=128$,$d_{14}=160$,不满足 $d_4+d_8+d_{13}=d_{14}$,故知 $n\neq 2^9\times 5$.

当 $n=2^3\times 5^4$ 时,d_1,d_2,…,d_8 依次为 1,2,4,5,8,10,20,25,$d_8=25$,与 $d_8=20$ 矛盾,故 $n\neq 2^3\times 5^4$.

当 $n=2^4\times 5^3$ 时,n 的 20 个正约数依次为 1,2,4,5,8,10,16,20,25,40,50,80,100,125,200,250,400,500,1 000,2 000;$d_1=1$,$d_4=5$,$d_6=10$,$d_7=16$,$d_8=20$,$d_{13}=100$,$d_{14}=125$,显然满足 $d_1+d_4+d_6=d_7$,$d_4+d_8+d_{13}=d_{14}$,故 $n=2^4\times 5^3=2\ 000$.

所求的自然数为 2 000.

例 9 已知 $\tau(A)=12$,$\tau(B)=10$,且 A,B 的标准分解式中只含有质因数 3 和 5,$(A,B)=75$,求 $A+B$.

解:因为 A,B 的标准分解式中只含有质因数 3 和 5,$75=3\times 5^2$,故不妨令

$A=3^{\alpha_1}\times 5^{\alpha_2}$,$B=3^{\beta_1}\times 5^{\beta_2}$ (α_1,$\beta_1\geq 1$,α_2,$\beta_2\geq 2$),

则有 $(\alpha_1+1)(\alpha_2+1)=12$,   (1)

$(\beta_1+1)(\beta_2+1)=10$.   (2)

由 (2),只可能 $\beta_2=4$,此时 $\beta_1=1$.

∵ $(A,B)=3^{\min\{\alpha_1,\beta_1\}}\cdot 5^{\min\{\alpha_2,\beta_2\}}$,

∴ $\alpha_2=2$.

由 (1) 知 $\alpha_1=3$.

此时 $A=3^3\times 5^2=675$,

$B=3\times 5^4=1\ 875$.

$A+B=2\ 550$.

例 10 求证:若 $a>2$,则 $\sigma(a)<a\sqrt{a}$.

证明：若 $a=2^k$ ($k \geq 2$)，则

$$\sigma(a)=2^{k+1}-1<2^{k+1}=2 \cdot 2^k=2a \leq a \times 2^{\frac{k}{2}}=a\sqrt{2^k}=a\sqrt{a},$$

故此时有

$$\sigma(a)<a\sqrt{a}.$$

若 $a=p^k$ ($p \neq 2$，p 是质数)，

则 $\sigma(a) = \dfrac{p^{k+1}-1}{p-1} = \dfrac{p^k - \dfrac{1}{p}}{1-\dfrac{1}{p}} < \dfrac{p^k}{1-\dfrac{1}{p}}$

$= \dfrac{a}{1-\dfrac{1}{p}} \leq \dfrac{a}{1-\dfrac{1}{3}} = \dfrac{3}{2}a = 1.5a < a\sqrt{3} \leq a\sqrt{a},$

此时也有

$$\sigma(a)<a\sqrt{a}.$$

当 $a=2^{\alpha_0}p_1^{\alpha_1}p_2^{\alpha_2}\cdots p_n^{\alpha_n}$（$p_i$ 是奇质数，$i=1, 2, \cdots, n$）时，

∵ $(2, p_1)=(2, p_2)=\cdots=(p_{n-1}, p_n)=1$,

∴ $\sigma(a)=\sigma(2^{\alpha_0}p_1^{\alpha_1}p_2^{\alpha_2}\cdots p_n^{\alpha_n})$

$=\sigma(2^{\alpha_0})\sigma(p_1^{\alpha_1})\sigma(p_2^{\alpha_2})\cdots\sigma(p_n^{\alpha_n})$

$<2^{\alpha_0} \cdot \sqrt{2^{\alpha_0}} \cdot p_1^{\alpha_1}\sqrt{p_1^{\alpha_1}} p_2^{\alpha_2}\sqrt{p_2^{\alpha_2}}\cdots p_n^{\alpha_n}\sqrt{p_n^{\alpha_n}}$

$=2^{\alpha_0}p_1^{\alpha_1}\cdots p_n^{\alpha_n}\sqrt{2^{\alpha_0}p_1^{\alpha_1}\cdots p_n^{\alpha_n}}$

$=a\sqrt{a}.$

则有 $\sigma(a)<a\sqrt{a}.$

结论成立.

习 题 1.4

1. 把下列各数分解质因数：

193 975，26 840，111 111，999 999 999 999.

第一章 整数的整除性

2. 用分解质因数法求：

(1) (4 712, 4 978, 5 890, 6 327)；

(2) [4 712, 4 978, 5 890, 6 327].

3. 将 85，87，102，111，124，148，154，230，341，354，413，667 分成两组，每组六个数. 怎么分才能使两组各数的乘积恰好相等？

4. 某校师生为贫困山区捐款 1 995 元，这个学校共有教职工 35 人，14 个教学班，各班学生人数相同，并且多于 30 人但又不超过 45 人，如果师生平均每人捐款的钱数都是整数元，那么平均每人捐几元？

5. 甲、乙两人各射五箭，每射一箭得到环数或者是"0"（脱靶），或者是不超过 10 的自然数. 两人五箭所得环数的乘积都是 1 764，但甲的总环数比乙的总环数少 4 环. 求甲、乙两人的总环数各是多少？

6. 证明：

(1) $(a, [b, c]) = [(a, b), (a, c)]$；

(2) $\dfrac{[a, b, c]^2}{[a, b][b, c][c, a]} = \dfrac{(a, b, c)^2}{(a, b)(b, c)(c, a)}.$

7. 自然数 555 555 的约数中，最大的三位数是多少？

8. 若 2 836，4 582，5 164，6 522 四个整数被同一个自然数相除，所得余数相同，但不为零，求除数和余数各是多少？

9. (1) 所有正约数的和等于 15 的最小自然数是多少？

(2) 所有正约数的积等于 64 的最小自然数是多少？

(3) 有没有这样的自然数，其所有正的真约数之积等于它本身？

10. 若 $a, b, c \in \mathbf{N}_+$，且 $a^2 = bc$，$(b, c) = 1$，则 b, c 均为平方数.

11. $975 \times 935 \times 972 \times (\quad)$，要使这个乘积的最后四个数都是零，(　) 内最小应填什么自然数？

12. (1) 设 $[a, b] = 72$,且 $a \neq b$,那么 $a+b$ 有多少种不同的值?

(2) 已知 $(a, b) = 12$,$[a, c] = [b, c] = 300$,满足上述条件的自然数 a, b, c 共有多少组($a = 12$, $b = c = 300$ 与 $a = c = 300$,$b = 12$ 算不同的两组)?

13. 求 $\tau(180)$,$\sigma(180)$,$\sigma_1(180)$.

14. 求出最小的正整数 n,使其恰有 144 个正约数,并且其中有十个是连续的整数.

§1.5 数的进位制

日常生活中,我们最熟悉和最常用的是十进制. 此外还有六十进制、十二进制、二进制等.

1. 十进制数

以前我们曾约定,一个 $n+1$ 位自然数

$$m = \overline{a_n a_{n-1} \cdots a_1 a_0}$$
$$= a_n \times 10^n + a_{n-1} \times 10^{n-1} + \cdots + a_1 \times 10 + a_0$$
$$= \sum_{i=0}^{n} a_i 10^i \quad (a_i \in \mathbf{N}, \ 0 \leq a_i \leq 9, \ a_n \neq 0).$$

这便是自然数 m 的十进制写法,这里的 10 也叫**基**.

定理 1.5.1 如果 n 是自然数,则 n 表示成十进制的形式是唯一的.

证明:当 $n < 10$ 时,结论明显成立.

当 $n \geq 10$,利用带余除法知:

$n = 10q_1 + r_1$,$0 \leq r_1 < 10$,$q_1 < n$.

如果 $q_1 < 10$,结论成立.

如果 $q_1 \geqslant 10$，同上有：
$$q_1=10q_2+r_2, \quad 0\leqslant r_2<10, \quad q_2<q_1,$$
故
$$n=10^2 q_2+10r_2+r_1.$$
如果 $q_2<10$，结论成立.

如果 $q_2\geqslant 10$，同上有：
$$q_2=10q_3+r_3, \quad 0\leqslant r_3<10, \quad q_3<q_2,$$
故
$$n=10^3 q_3+10^2 r_3+10r_2+r_1.$$
……

这样一来，便得到一递减的正整数数列：
$$n>q_1>q_2>q_3>\cdots.$$
因为 n 是某一确定的自然数，所以这个数列显然只有有限项，即最后一定存在一个正整数 k，使 $q_{k-1}=10q_k+r_k$，$0\leqslant r_k<10$，$q_k<10$，则
$$n=q_k 10^k+r_k 10^{k-1}+\cdots+r_2 10+r_1.$$
(以上证明了存在性，下面再证唯一性)

如果 $\quad n=a_k 10^k+a_{k-1}10^{k-1}+\cdots+a_2 10^2+a_1 10+a_0$，
$$n=b_m 10^m+b_{m-1}10^{m-1}+\cdots+b_2 10^2+b_1 10+b_0.$$
∵ $a_k 10^k+a_{k-1}10^{k-1}+\cdots+a_2 10^2+a_1 10+a_0$
$=b_m 10^m+b_{m-1}10^{m-1}+\cdots+b_2 10^2+b_1 10+b_0,$ (1)

∴ b_0-a_0
$=(a_k 10^k+\cdots+a_2 10^2+a_1 10)-(b_m 10^m+\cdots+b_2 10^2+b_1 10).$

∵ $|b_0-a_0|<10$，$10 \mid (b_0-a_0)$，

∴ $b_0-a_0=0$，即 $a_0=b_0$.

从 (1) 式中消去 a_0，b_0，并除以 10，得
$$a_k 10^{k-1}+a_{k-1}10^{k-2}+\cdots+a_1$$
$$=b_m 10^{m-1}+b_{m-1}10^{m-2}+\cdots+b_1,$$ (2)
则 b_1-a_1
$=(a_k 10^{k-1}+\cdots+a_2 10)-(b_m 10^{m-1}+\cdots+b_2 10).$

$\because \quad |b_1-a_1|<10,\ 10\ |\ (b_1-a_1),$

$\therefore \quad b_1-a_1=0,$ 即

$$a_1=b_1.$$

重复上面的做法,又可得

$$a_k 10^{k-2}+\cdots+a_3 10+a_2$$
$$=b_m 10^{m-2}+\cdots+b_3 10+b_2.$$

同样 $a_2=b_2$,进一步,$a_3=b_3$,$\cdots$,直到(1)式有一边所有加数全部消去为止. 此时(1)式的另一边的所有加数也应全部消去,否则,不妨令 $m>k$,于是有

$$a_m 10^{m-k}+\cdots+a_{k+1}10=0.$$

$\because\ a_m \geq 1$,上式显然是不可能的. 这样便有 $k=m$,$a_i=b_i$ ($i=0,1,\cdots,k$),形式唯一.

定理得证.

2. k 进制数

如把数的十进制中的基 10 变成整数 $k \geq 2$,则十进制就变成了 k 进制.

定义 1.8 如果 k 是大于或等于 2 的整数,而任一自然数 $n=b_n k^n+b_{n-1}k^{n-1}+\cdots+b_1 k+b_0=\sum\limits_{i=0}^{n}b_i k^i$ ($b_n \neq 0$, $b_i \in \mathbf{N}$, $0 \leq b_i < k$, $i=0,1,2,\cdots,n$),就称 n 是由 k 的幂的和表示的,n 也可以写成

$$n=(b_n b_{n-1}\cdots b_1 b_0)_k.$$

我们称 n 是用 k 进制表示的.

类比十进制小数,我们可以得到 k 进制小数的定义.

定义 1.9 k 进制小数

$$(0.b_1 b_2 \cdots b_n)_k = \frac{b_1}{k}+\frac{b_2}{k^2}+\cdots+\frac{b_n}{k^n}$$

$$= \sum_{i=1}^{n} \frac{b_i}{k^i} \quad (0 \leqslant b_i < k,\ b_i \in \mathbf{N}).$$

定理 1.5.2 设 $k \geqslant 2$ 且是整数，则任一自然数 n 仅有一种 k 进制的形式：

$$n = b_n k^n + b_{n-1} k^{n-1} + \cdots + b_1 k + b_0$$

$$= \sum_{i=0}^{n} b_i k^i \quad (b_i \in \mathbf{N},\ 0 \leqslant b_i < k,\ b_n \neq 0).$$

（请读者仿照定理 1.5.1 的证法自己证明）

3. 不同进制数的互化

例 1 $2\,866 = (\quad)_5$

$\qquad\quad = (\quad)_7$

$\qquad\quad = (\quad)_8$

$\qquad\quad = (\quad)_2$

解：∵ $2\,866 = 5 \times 573 + 1$

$\qquad\qquad = 5 \times (5 \times 114 + 3) + 1$

$\qquad\qquad = 114 \times 5^2 + 3 \times 5 + 1$

$\qquad\qquad = (5 \times 22 + 4) \times 5^2 + 3 \times 5 + 1$

$\qquad\qquad = 5^3 \times 22 + 4 \times 5^2 + 3 \times 5 + 1$

$\qquad\qquad = 5^3 \times (5 \times 4 + 2) + 4 \times 5^2 + 3 \times 5 + 1$

$\qquad\qquad = 4 \times 5^4 + 2 \times 5^3 + 4 \times 5^2 + 3 \times 5 + 1.$

∴ $2\,866 = (42\,431)_5.$

以后称这种化十进制数为 k 进制数的方法为**除 k 取余法**，并采用下面的除法算式：

```
∵    5 | 2866
     5 | 573 … 1
     5 | 114 … 3
     5 |  22 … 4
           4 … 2
```

∴ $2\,866 = (42\,431)_5.$

同理 ∵
```
7 | 2866
7 | 409 … 3
7 |  58 … 3
7 |   8 … 2
      1 … 1
```
∴ $2866 = (11233)_7$.

∵
```
8 | 2866
8 | 358 … 2
8 |  44 … 6
     5 … 4
```
∴ $2866 = (5462)_8$.

∵
```
2 | 2866
2 | 1433 … 0
2 |  716 … 1
2 |  358 … 0
2 |  179 … 0
2 |   89 … 1
2 |   44 … 1
2 |   22 … 0
2 |   11 … 0
2 |    5 … 1
2 |    2 … 1
        1 … 0
```
∴ $2866 = (101\,100\,110\,010)_2$.

我国古代的八卦就是二进制的最好图示. 我们知道, 八卦的每一卦都由三爻组成, 阳爻的记号是 "一", 阴爻的记号是 "— —", 它们依次为:

☰　☷　☳　☶　☲　☵　☱　☴
乾　坤　震　艮　离　坎　兑　巽

如果把记号 "一" 与 "— —" 换成 1 和 0, 那么它们分别为二进制数 111, 000, 001, 100, 101, 010, 011, 110; 换成十进制数分别为 7, 0, 1, 4, 5, 2, 3, 6. 我国民间便流传着不少利用八卦演变出的游戏.

例2 把每位数字都不大于5的正整数从小到大排成一列：
1，2，3，4，5，10，11，12，13，14，15，20，21，…. 那么这列数中的第2 000项是多少？

解：通过观察我们可以发现，10，11，12，…，20，21，…分别是这个数列的第六、七、八……，十二、十三……项，而
$(10)_6 = 1 \times 6 = 6$，$(11)_6 = 1 \times 6 + 1 = 7$，
$(12)_6 = 1 \times 6 + 2 = 8$，…
$(20)_6 = 2 \times 6 = 12$，$(21)_6 = 2 \times 6 + 1 = 13$，
…

```
6 | 2000
6 |  333 … 2
6 |   55 … 3
6 |    9 … 1
        1 … 3
```

∴ $2\,000 = (13\,132)_6$.

即这个数列第2 000项的数为13 132.

例3 计算
(1) $(1\,234)_5 + (2\,341)_5$；
(2) $(2\,341)_5 - (1\,234)_5$；
(3) $(2\,341)_5 \times (1\,234)_5$；
(4) $(3\,023)_5 \div (1\,234)_5$.

解：上述四题均可先将五进制数改成十进制后按要求算出结果后，再将十进制的结果转换成五进制；但也可以直接计算.

(1) ∵ $(1\,234)_5 = 1 \times 5^3 + 2 \times 5^2 + 3 \times 5 + 4 = 194$，
$(2\,341)_5 = 2 \times 5^3 + 3 \times 5^2 + 4 \times 5 + 1 = 346$，
$194 + 346 = 540$，

而
```
5 | 540
5 | 108 … 0
5 |  21 … 3
      4 … 1
```

$540 = (4\,130)_5$,

∴ $(1\,234)_5 + (2\,341)_5 = (4\,130)_5$.

(2) ∵ $346 - 194 = 152$,

而
```
5 | 152
5 | 30 … 2
5 | 6 … 0
    1 … 1
```

∴ $(2\,341)_5 - (1\,234)_5 = (1\,102)_5$.

(3) ∵ $194 \times 346 = 67\,124$,

而
```
5 | 67124
5 | 13424 … 4
5 | 2684 … 4
5 | 536 … 4
5 | 107 … 1
5 | 21 … 2
    4 … 1
```

∴ $(2\,341)_5 \times (1\,234)_5 = (4\,121\,444)_5$.

(4) ∵ $(3\,023)_5 = 3 \times 5^3 + 2 \times 5 + 3 = 388$,

$388 \div 194 = 2$,

∴ $(3023)_5 \div (1234)_5 = (2)_5$.

例 4 (1) 把下列小数化成十进制分数：

$$(0.25)_7, \quad (0.\dot{1}2\dot{3})_5;$$

(2) 把 $\dfrac{1}{7}$ 化成十二进制小数.

解：(1) $(0.25)_7 = \dfrac{2}{7} + \dfrac{5}{7^2} = \dfrac{14+5}{49} = \dfrac{19}{49}$.

$(0.\dot{1}2\dot{3})_5 = \dfrac{1}{5} + \dfrac{2}{5^2} + \dfrac{3}{5^3} + \dfrac{1}{5^4} + \dfrac{2}{5^5} + \dfrac{3}{5^6} + \cdots$

$= \left(\dfrac{1}{5} + \dfrac{2}{5^2} + \dfrac{3}{5^3}\right) + \dfrac{1}{5^3} \times \left(\dfrac{1}{5} + \dfrac{2}{5^2} + \dfrac{3}{5^3}\right) + \dfrac{1}{5^6} \times$

$$\left(\frac{1}{5}+\frac{2}{5^2}+\frac{3}{5^3}\right)+\cdots$$

$$=\left(\frac{1}{5}+\frac{2}{5^2}+\frac{3}{5^3}\right)\times\left(1+\frac{1}{5^3}+\frac{1}{5^6}+\cdots\right)$$

$$=\frac{25+10+3}{125}\times\frac{1}{1-\frac{1}{5^3}}$$

$$=\frac{38}{125}\times\frac{125}{124}$$

$$=\frac{19}{62}.$$

(2) ∵十二进制应有十二个都小于 12 的记数符号,这 12 个记数符号在记数时都只能占一个数位,故不能用十进制中的"10"和"11",为此约定用 τ 代替 10,ε 代替 11.

```
        0. 1 8 6 τ 3 5
      ┌─────────────
    7 ) 1 0
        7
        ───
        5 0
        4 8
        ───
          4 0
          3 6
          ───
            6 0
            5 τ
            ───
              2 0
              1 9
              ───
                3 0
                2 ε
                ───
                  1
```

退一当 12,

∵ $7\times 8=56$,

∴ $56=(48)_{12}$.

∵ $6\times 7=42$,

∴ $42=(36)_{12}$.

∵ $7\times\tau=70$,

∴ $70=(5\tau)_{12}$.

∵ $3\times 7=21$,

∴ $21=(19)_{12}$.

∵ $5\times 7=35$,

∴ $35=(2\varepsilon)_{12}$.

因为余数 1 重复出现,所以商开始循环,

∴ $\dfrac{1}{7} = (0.\dot{1}86\ \tau 3\dot{5})_{12}.$

例5 （1）下列算式是几进制的？
$$1\ 534 \times 25 = 43\ 214;$$
（2）解方程：$(245)_x (5)_x = (1\ 624)_x.$

解：（1）设算式是 k 进制的，则有
$(43\ 214)_k = 4k^4 + 3k^3 + 2k^2 + k + 4,$
$(1\ 534)_k = k^3 + 5k^2 + 3k + 4,$
$(25)_k = 2k + 5.$

∵ $(k^3 + 5k^2 + 3k + 4)(2k + 5)$
$= 2k^4 + 15k^3 + 31k^2 + 23k + 20,$

∴ $2k^4 + 15k^3 + 31k^2 + 23k + 20$
$= 4k^4 + 3k^3 + 2k^2 + k + 4,$

即 $2k^4 - 12k^3 - 29k^2 - 22k - 16 = 0.$ (1)

16 的约数有 $\pm 1, \pm 2, \pm 4, \pm 8, \pm 16.$

∵ $k > 5,$

由综合除法知：

```
 2  -12  -29  -22  -16 | 8
         16   32   24   16
 2    4    3    2    0
```

∴ $2k^4 - 12k^3 - 29k^2 - 22k - 16 = (k - 8)(2k^3 + 4k^2 + 3k + 2).$

当 $k > 0$ 时，$2k^3 + 4k^2 + 3k + 2 > 0,$

故当 $(k - 8)(2k^3 + 4k^2 + 3k + 2) = 0$ 时，

$k = 8,$ 即算式是 8 进制的.

（2）∵ $(245)_x (5)_x$
$= (2x^2 + 4x + 5) \times 5$
$= 10x^2 + 20x + 25,$

$(1\ 624)_x = x^3 + 6x^2 + 2x + 4,$

$$\therefore x^3+6x^2+2x+4=10x^2+20x+25,$$

即 $\qquad x^3-4x^2-18x-21=0. \qquad (1)$

21 的约数有 ± 1，± 3，± 7，± 21，$\because x \geqslant 6$ 而 $x=21$ 不满足 (1) 式，故 x 只可能是 7.

由综合除法知：

$$\begin{array}{rrrr|r} 1 & -4 & -18 & -21 & 7 \\ & 7 & 21 & 21 & \\ \hline 1 & 3 & 3 & 0 & \end{array}$$

$\therefore x^3-4x^2-18x-21=(x-7)(x^2+3x+3).$

当 $x>0$ 时，$x^2+3x+3>0.$

故当 $(x-7)(x^2+3x+3)=0$ 时，

$x-7=0$，则

$x=7.$

例 6 已知 $(abc)_7=(cba)_{11}$，求 a，b，c.

解：$0<a<7$，$0\leqslant b<7$，$0<c<7$.

$\because (abc)_7=7^2a+7b+c=49a+7b+c,$

$(cba)_{11}=121c+11b+a,$

$\therefore 49a+7b+c=121c+11b+a.$

即 $\qquad 120c+4b=48a$，化简整理得

$$b=6\times(2a-5c).$$

则 $6\mid b$，$\therefore b=0$ 或 $b=6.$

当 $b=0$ 时，$2a=5c$，

此时只有 $a=5$，$c=2.$

当 $b=6$ 时，$2a-5c=1$，

$$a=\frac{5c+1}{2}.$$

此时只有 $c=1$，$a=3.$

答案为 $a=3$，$b=6$，$c=1$ 或 $a=5$，$b=0$，$c=2.$

习题 1.5

1. $56\,132 = (\quad)_2 = (\quad)_8$；

   $2\,000 = (\quad)_3 = (\quad)_7$

   $\quad\quad = (\quad)_9 = (\quad)_{12}$；

   $(12\,301)_5 = (\quad)_7$.

2. 计算

   (1) $(110)_2 + (1\,011)_2$，$(10\,101)_2 - (111)_2$，

   $\quad (10\,101)_2 \times (101)_2$，$(1\,101\,001)_2 \div (1\,010)_2$，

   (2) $(2\,517)_8 + (3\,124)_8$，$(15\,721)_8 - (452)_8$，

   $\quad (301)_8 \times (125)_8$，$(212)_8 \div (27)_8$.

3. (1) 以 2 为基，求 $\dfrac{1}{3}$，$\dfrac{1}{5}$，$\dfrac{1}{9}$ 的小数展开式；

   (2) 以 12 为基，求 $\dfrac{1}{13}$，$\dfrac{1}{14}$ 的小数展开式.

4. 下列算式各是几进制的？

   (1) $2\,531 \times 14 = 42\,368$；

   (2) $1\,210 \times 212 = 1\,111\,220$；

   (3) $1\,534 \times 45 = 76\,114$.

5. (1) 已知 $(ab)_9 = (ba)_7$，求 a，b；

   (2) 已知 $(abcd)_8 + (cbab)_8 = (bbcbb)_8$，求 a，b，c，d.

6. 王聪用 1 到 31 这 31 个自然数，分别制造出如下五张卡片：

一	二	三	四	五
1 3 5	2 3 6	4 5 6	8 9 10	16 17 18
7 9 11	7 10 11	7 12 13	11 12 13	19 20 21
13 15 17	14 15 18	14 15 20	14 15 24	22 23 24
19 21 23	19 22 23	21 22 23	25 26 27	25 26 27
25 27 29	26 27 30	28 29 30	28 29 30	28 29 30
31	31	31	31	31

第一章 整数的整除性

他说:"我请一位同学,想想他的生日是哪一天,但不要说出来告诉我。只要他告诉我他的生日数出现在哪几张卡片上,我就知道他的生日是哪一天."李明想了想说:"我的生日数只出现在第一、三、五这三张卡片上."王聪并没有再看卡片,马上说:"你的生日是 21 号."李明高兴地说:"对!对!"请你揭开这个数学游戏的秘密。

7. 选用数量各为多少克的四个砝码,就可以利用它们在天平上称出 1 到 40 克的 40 个不同重量来?

8. 一个十进制的两位数 A,其十位上的数字是 4. 另一个非十进制数 B 的各数位上的数字与 A 的各数位上数字正好相同,又知 $B=2A$,求 B。

9. (1) 试证:

$$(121)_3=4^2, \quad (121)_4=5^2, \quad (121)_5=6^2.$$

(2) 由(1)总结归纳出一个结论,并加以证明.

10. (1) 求下列各十进制分数的小数展开式:$\frac{1}{9^2}$ 以 10 为基,$\frac{1}{8^2}$ 以 9 为基,$\frac{1}{7^2}$ 以 8 为基,$\frac{1}{6^2}$ 以 7 为基.

(2) 由(1)总结归纳出一个结论,并加以证明.

§1.6 高斯函数

1. 函数 [x]

定义 1.10 设 $x \in \mathbf{R}$,不超过 x 的最大整数称为 x 的整数部分,记作 $[x]$,也称 $[x]$ 为高斯函数(或方括号函数),$x-[x]$ 称为 x 的小数部分,记作 $\{x\}$.

例如：$[0.13]=0$，$[-1.5]=-2$，$[\sqrt{51}]=7$，
　　　$\{0.13\}=0.13$，$[-1.5]=0.5$，$\{31\}=0$.
由上述定义可知：
$[x] \leqslant x < [x]+1$，$0 \leqslant \{x\} < 1$.
函数$[x]$及$\{x\}$的图象见图 6.1 与图 6.2.

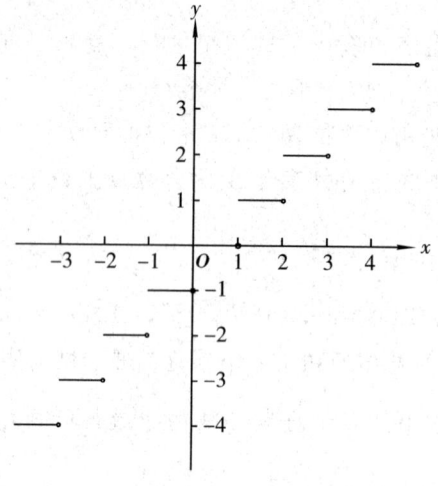

图 6.1

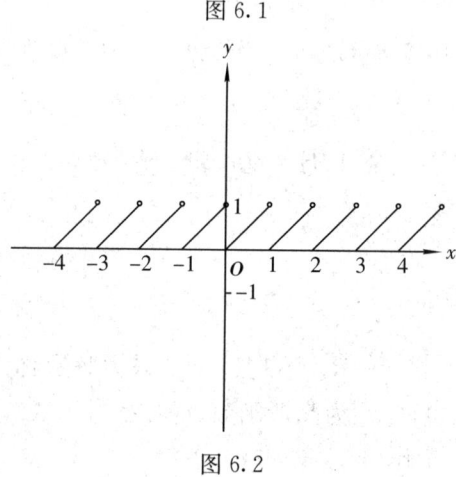

图 6.2

第一章 整数的整除性

定理 1.6.1 设 $x, y \in \mathbf{R}$,则有

(1) 若 $x \leqslant y$,则 $[x] \leqslant [y]$;

(2) 若 $x = n+v$, $n \in \mathbf{Z}$, $0 \leqslant v < 1$,则 $[x] = n$, $\{x\} = v$;当 $0 \leqslant x < 1$ 时,$[x] = 0$,$\{x\} = x$;

(3) 对任意整数 n 有 $[x+n] = [x]+n$,$\{x+n\} = \{x\}$;

(4) $[x]+[y] \leqslant [x+y] \leqslant [x]+[y]+1$,其中等号有且仅有一个成立;$0 \leqslant \{x+y\} \leqslant \{x\}+\{y\}$;

(5) $[-x] = \begin{cases} -[x] & x \in \mathbf{Z} \\ -[x]-1 & x \notin \mathbf{Z} \end{cases}$,

$\{-x\} = \begin{cases} -\{x\} = 0 & x \in \mathbf{Z} \\ 1-\{x\} & x \notin \mathbf{Z} \end{cases}$;

(6) 对任意非零整数 n 有

$$\left[\frac{[x]}{n}\right] = \left[\frac{x}{n}\right].$$

证明:(1) $\because$ $[x] \leqslant x \leqslant y < [y]+1$,

$\therefore$ $[x] < [y]+1$,则

$$[x] \leqslant [y].$$

结论成立.

(2) $\because$ $n \in \mathbf{Z}$, $0 \leqslant v < 1$, $x = n+v$,

$\therefore$ $n \leqslant x < n+1$,

则 $[x] = n.$

$\{x\} = x-[x] = n+v-n = v$,则

$$\{x\} = v.$$

结论成立.

(3) $\because$ $[x] \leqslant x < [x]+1$,

$\therefore$ $[x]+n \leqslant x+n < [x]+n+1$, $n \in \mathbf{Z}.$

而 $[x]+n \leqslant [x+n] < ([x]+n)+1$,

则 $[x+n] = [x]+n.$

$$\{x+n\} = (x+n) - [x+n]$$
$$= x+n-[x]-n$$
$$= x - [x]$$
$$= \{x\}.$$

结论成立.

(4) ∵ $x+y = [x]+\{x\}+[y]+\{y\}$,
$$0 \leqslant \{x\} < 1, \ 0 \leqslant \{y\} < 1,$$
∴ $$0 \leqslant \{x\}+\{y\} < 2.$$

当 $0 \leqslant \{x\}+\{y\} < 1$ 时,
$$x+y = ([x]+[y]) + (\{x\}+\{y\}).$$

由上面结论(2)得:
$$[x+y] = [x]+[y]. \qquad ①$$

当 $1 \leqslant \{x\}+\{y\} < 2$ 时,有
$$0 \leqslant \{x\}+\{y\}-1 < 1$$

而 $x+y = ([x]+[y]+1) + (\{x\}+\{y\}-1).$

同理可知:
$$[x+y] = [x]+[y]+1. \qquad ②$$

由①式知 $[x]+[y] = [x+y] < [x]+[y]+1 (0 \leqslant \{x\}+\{y\} < 1$ 时),

由②式知 $[x]+[y] < [x+y] = [x]+[y]+1 (1 \leqslant \{x\}+\{y\} < 2$ 时).

综合得 $[x]+[y] \leqslant [x+y] \leqslant [x]+[y]+1.$

其中等号有且仅有一个成立.

∵ $\{x+y\} = (x+y) - [x+y]$
$$\leqslant x+y-[x]+[y]$$
$$= \{x\}+\{y\},$$
∴ $0 \leqslant \{x+y\} \leqslant \{x\}+\{y\}.$

结论成立.

上述结论还可以推广,当 $x_i \in \mathbf{R}$ 时,有
$$\left[\sum_{i=1}^{n} x_i\right] \geqslant \sum_{i=1}^{n}[x_i], \quad \left\{\sum_{i=1}^{n} x_i\right\} \leqslant \sum_{i=1}^{n}\{x_i\}.$$
当 $x_1 = x_2 = \cdots = x_n = x$ 时,有
$$[nx] \geqslant n[x].$$

(5) 当 $x \in \mathbf{Z}$ 时,$[x] = x$,$\{x\} = 0$,结论明显成立.

当 $x \notin \mathbf{Z}$ 时,
$$-x = -[x] - \{x\}$$
$$= -[x] - 1 + 1 - \{x\}.$$

∵ $-[x] - 1 \in \mathbf{Z}$,$0 < 1 - \{x\} < 1$,

由上面结论(2)得
$$[-x] = -[x] - 1,$$
$$\{-x\} = 1 - \{x\}.$$

结论成立.

(6) ∵ $n \in \mathbf{Z}_+$,$[x] \in \mathbf{Z}$,

由带余除法知,存在整数 q 与 r,使
$$[x] = nq + r, \quad 0 \leqslant r < n,$$
即
$$\frac{[x]}{n} = q + \frac{r}{n}, \quad 0 \leqslant \frac{r}{n} < 1.$$

由上面结论(2)知
$$\left[\frac{[x]}{n}\right] = q.$$

又 ∵ $x = [x] + \{x\}$,

∴
$$\frac{x}{n} = \frac{[x]}{n} + \frac{\{x\}}{n}$$
$$= q + \frac{r + \{x\}}{n}.$$

∵ $0 \leqslant \frac{r}{n} \leqslant \frac{n-1}{n}$,$0 \leqslant \frac{\{x\}}{n} \leqslant \frac{1}{n}$,$0 \leqslant \frac{r + \{x\}}{n} < 1$,

由上面结论(2)知

$$\left[\frac{x}{n}\right]=q,$$

∴ $$\left[\frac{[x]}{n}\right]=\left[\frac{x}{n}\right].$$

结论成立.

定理得证.

定理 1.6.2 若 $x\in \mathbf{R}^+$,$n\in \mathbf{N}_+$,则从 1 到 x 的整数中,n 的倍数有 $\left[\frac{x}{n}\right]$ 个.

证明:∵ $\left[\frac{x}{n}\right] \leqslant \frac{x}{n} < \left[\frac{x}{n}\right]+1$,$n\in \mathbf{N}_+$,

∴ $n\left[\frac{x}{n}\right] \leqslant x < n\left(\left[\frac{x}{n}\right]+1\right).$

于是从 1 到 x 的整数中,能被 n 整除的数只有 n,$2n$,…,$\left[\frac{x}{n}\right]n$,共有 $\left[\frac{x}{n}\right]$ 个.

定理得证.

推论 若 a,b,$n\in \mathbf{N}_+$,则

$$\left[\frac{n}{ab}\right]=\left[\frac{\left[\frac{n}{a}\right]}{b}\right].$$

证明:∵ n,$a\in \mathbf{N}_+$,

∴ $\frac{n}{a}\in \mathbf{R}^+.$

根据定理 1.6.1 的(6)得

$$\left[\frac{n}{ab}\right]=\left[\frac{\frac{n}{a}}{b}\right]=\left[\frac{\left[\frac{n}{a}\right]}{b}\right].$$

结论成立.

定理 1.6.3 p 是质数,如果 $p^a \leqslant n < p^{a+1}$,

则 $$p(n!) = \sum_{i=1}^{\alpha}\left[\frac{n}{p^i}\right].$$

证明：已知 p 是质数，

如果 $p \mid n!$，则 p 一定能整除 $1, 2, \cdots, n$ 中的某些数，但 $1, 2, \cdots, n$ 中 p 的倍数只能是 $p, 2p, \cdots, \left[\frac{n}{p}\right]p$. 而

$$p \times 2p \times \cdots \times \left[\frac{n}{p}\right]p = \left[\frac{n}{p}\right]! \, p^{\left[\frac{n}{p}\right]},$$

故

$$p(n!) = p\left(\left[\frac{n}{p}\right]! \, p^{\left[\frac{n}{p}\right]}\right)$$

$$= p\left(\left[\frac{n}{p}\right]!\right) + p\left(p^{\left[\frac{n}{p}\right]}\right)$$

$$= \left[\frac{n}{p}\right] + p\left(\left[\frac{n}{p}\right]!\right).$$

如果 $p \mid \left[\frac{n}{p}\right]!$，同上可得

$$p\left(\left[\frac{n}{p}\right]!\right) = p\left(\left[\frac{\left[\frac{n}{p}\right]}{p}\right]! \cdot p^{\left[\frac{\left[\frac{n}{p}\right]}{p}\right]}\right)$$

$$= p\left(\left[\frac{\left[\frac{n}{p}\right]}{p}\right]!\right) + p\left(p^{\left[\frac{\left[\frac{n}{p}\right]}{p}\right]}\right)$$

$$= \left[\frac{n}{p^2}\right] + p\left(\left[\frac{n}{p^2}\right]!\right),$$

则有 $$p(n!) = \left[\frac{n}{p}\right] + \left[\frac{n}{p^2}\right] + p\left(\left[\frac{n}{p^2}\right]!\right).$$

如果 $p \mid \left[\frac{n}{p^2}\right]!$，同上可得

$$p(n!) = \left[\frac{n}{p}\right] + \left[\frac{n}{p^2}\right] + \left[\frac{n}{p^3}\right] + p\left(\left[\frac{n}{p^3}\right]!\right),$$

$\because n < p^{\alpha+1}$, $\therefore \left[\dfrac{n}{p^{\alpha+1}}\right]=0$.

故 $p(n!)=\left[\dfrac{n}{p}\right]+\left[\dfrac{n}{p^2}\right]+\cdots+\left[\dfrac{n}{p^\alpha}\right]=\sum\limits_{i=1}^{\alpha}\left[\dfrac{n}{p^i}\right]$.

当 $p \nmid n!$，结论也成立.

定理得证.

例1 求 $\left[\sqrt{6+\sqrt{6+\sqrt{6+\sqrt{6+\sqrt{6+\sqrt{6}}}}}}\right]$ 的值.

解：设 $A=\sqrt{6+\sqrt{6+\sqrt{6+\sqrt{6+\sqrt{6+\sqrt{6}}}}}}$，

显然 $A>2$，若 $A\geqslant 3$，则

$A^2 \geqslant 9$，即 $6+\sqrt{6+\sqrt{6+\sqrt{6+\sqrt{6+\sqrt{6}}}}}\geqslant 9$.

所以 $\sqrt{6+\sqrt{6+\sqrt{6+\sqrt{6+\sqrt{6}}}}}\geqslant 3$.

上式两边平方得 $6+\sqrt{6+\sqrt{6+\sqrt{6+\sqrt{6}}}}\geqslant 9$，即

$\sqrt{6+\sqrt{6+\sqrt{6+\sqrt{6}}}}\geqslant 3$，

如此继续下去，最后可得 $\sqrt{6}\geqslant 3$.

此式是错误的，所以有

$2<A<3$.

则 $\left[\sqrt{6+\sqrt{6+\sqrt{6+\sqrt{6+\sqrt{6+\sqrt{6}}}}}}\right]=2$.

例2 求证：若 $S=1+\dfrac{1}{\sqrt{2}}+\dfrac{1}{\sqrt{3}}+\cdots+\dfrac{1}{\sqrt{k^2}}$ ($k\geqslant 2$，$k\in \mathbf{N}$)，

则 $[S]=2(k-1)$.

证明：$\because \sqrt{n-1}+\sqrt{n}<2\sqrt{n}<\sqrt{n}+\sqrt{n+1}$,

∴ $$\frac{2}{\sqrt{n+1}+\sqrt{n}}<\frac{1}{\sqrt{n}}<\frac{2}{\sqrt{n}+\sqrt{n-1}},$$

即 $$2(\sqrt{n+1}-\sqrt{n})<\frac{1}{\sqrt{n}}<2(\sqrt{n}-\sqrt{n-1}).$$

利用上式得

$$2(\sqrt{2}-\sqrt{1})<1=1,$$

$$2(\sqrt{3}-\sqrt{2})<\frac{1}{\sqrt{2}}<2(\sqrt{2}-1),$$

$$2(\sqrt{4}-\sqrt{3})<\frac{1}{\sqrt{3}}<2(\sqrt{3}-\sqrt{2}),$$

$$\cdots$$

$$2(\sqrt{k^2+1}-\sqrt{k^2})<\frac{1}{\sqrt{k^2}}<2(\sqrt{k^2}-\sqrt{k^2-1}).$$

将上面各式相加，得

$$2(\sqrt{k^2+1}-1)<S<2\sqrt{k^2}-1.$$

而 $$2(\sqrt{k^2+1}-1)>2(\sqrt{k^2}-1)=2k-2,$$

$$2\sqrt{k^2}-1=2k-1,$$

∴ $$2k-2<S<2k-1,$$

故知 $$[S]=2k-2=2(k-1).$$

结论成立.

例 3 已知 $x, y \in \mathbf{R}$，试证：

(1) $[2\{x\}]+[2\{y\}] \geqslant [\{x\}+\{y\}]$；

(2) $[2x]+[2y] \geqslant [x]+[y]+[x+y]$.

证明：已知 $0 \leqslant \{x\} < 1$，$0 \leqslant \{y\} < 1$.

(1) 分段讨论：

（ⅰ）当 $0 \leqslant \{x\} < \frac{1}{2}$，$0 \leqslant \{y\} < \frac{1}{2}$ 时

$$[2\{x\}]=0, [2\{y\}]=0, [\{x\}+\{y\}]=0.$$

此时有 $[2\{x\}]+[2\{y\}]=[\{x\}+\{y\}]$.

(ⅱ) 当 $0\leqslant\{x\}<\dfrac{1}{2}$，$\dfrac{1}{2}\leqslant\{y\}<1$ 时，

$$[2\{x\}]=0,\ [2\{y\}]=1,\ [\{x\}+\{y\}]=0 \text{ 或 } 1.$$

此时有 $[2\{x\}]+[2\{y\}]\geqslant[\{x\}+\{y\}]$.

(ⅲ) 当 $\dfrac{1}{2}\leqslant\{x\}<1$，$0\leqslant\{y\}<\dfrac{1}{2}$ 时

同(ⅱ)有 $[2\{x\}]+[2\{y\}]\geqslant[\{x\}+\{y\}]$.

(ⅳ) 当 $\dfrac{1}{2}\leqslant\{x\}<1$，$\dfrac{1}{2}\leqslant\{y\}<1$ 时

$$[2\{x\}]=1,\ [2\{y\}]=1,\ [\{x\}+\{y\}]=1.$$

此时有 $[2\{x\}]+[2\{y\}]\geqslant[\{x\}+\{y\}]$.

由(ⅰ)(ⅱ)(ⅲ)(ⅳ)知：

$$[2\{x\}]+[2\{y\}]\geqslant[\{x\}+\{y\}].$$

结论成立.

(2) $\because\ [2x]+[2y]$

$=[[2x]+\{2x\}]+[[2y]+\{2y\}]$

$=2[x]+2[y]+[2\{x\}]+[2\{y\}]$

$\geqslant 2[x]+2[y]+[\{x\}+\{y\}]$

$=[x]+[y]+[[x]+\{x\}+[y]+\{y\}]$

$=[x]+[y]+[x+y]$,

$\therefore\qquad [2x]+[2y]\geqslant[x]+[y]+[x+y]$.

结论成立.

例 4 $x\in\mathbf{R}$，$n\in\mathbf{N}_+$，则

$$[x]+\left[x+\dfrac{1}{n}\right]+\left[x+\dfrac{2}{n}\right]+\cdots+\left[x+\dfrac{n-1}{n}\right]$$

$=[nx]$.

证明：$\because\ [nx]\in\mathbf{Z}$,

$\therefore\ [nx]=nq+r\ (0\leqslant r<n,\ q\in\mathbf{N})$.

∵ $[nx] \leqslant nx < [nx]+1$,

∴ $nq+r \leqslant nx < nq+r+1$.

则 $q+\dfrac{r}{n} \leqslant x < q+\dfrac{r+1}{n}$，即

$$q+\dfrac{r+i}{n} \leqslant x+\dfrac{i}{n} < q+\dfrac{r+i+1}{n}$$

($i=0, 1, 2, \cdots, n-1$).

当 $0 \leqslant i \leqslant n-r-1$ 时，有

$$0 \leqslant \dfrac{r}{n} \leqslant \dfrac{r+i}{n} \leqslant \dfrac{r+n-r-1}{n} = \dfrac{n-1}{n} < 1,$$

此时有 $\left[x+\dfrac{i}{n}\right]=q$,

当 $n-r \leqslant i \leqslant n-1$ 时，有

$$1 = \dfrac{r+n-r}{n} \leqslant \dfrac{r+i}{n} \leqslant \dfrac{n-1+r}{n} = 1+\dfrac{r-1}{n} < 2,$$

此时有 $\left[x+\dfrac{i}{n}\right]=q+1$.

而 $[x]+\left[x+\dfrac{1}{n}\right]+\left[x+\dfrac{2}{n}\right]+\cdots+\left[x+\dfrac{n-1}{n}\right]$

$= \left([x]+\left[x+\dfrac{1}{n}\right]+\cdots+\left[x+\dfrac{n-r-1}{n}\right]\right)+$

$\left(\left[x+\dfrac{n-r}{n}\right]+\cdots+\left[x+\dfrac{n-1}{n}\right]\right)$

$=(n-r)q+r(q+1)$

$=nq-rq+rq+r$

$=nq+r$

$=[nx]$,

∴ $[x]+\left[x+\dfrac{1}{2}\right]+\cdots+\left[x+\dfrac{n-1}{n}\right]=[nx]$.

结论成立.

这个等式通常称为**厄米特(Hermite)恒等式**.

例 5　(1) 求证：当 $x \in \mathbf{R}$ 时，有
$$\left[x+\frac{1}{2}\right]=[2x]-[x].$$

(2) 求无穷数列的和：
$$\left[\frac{n+1}{2}\right]+\left[\frac{n+2}{2^2}\right]+\left[\frac{n+2^2}{2^3}\right]+\cdots+\left[\frac{n+2^k}{2^{k+1}}\right]+\cdots$$
$(n \in \mathbf{N}_+)$.

解：(1) ∵ $x=[x]+\{x\}$，

∴ $\left[x+\dfrac{1}{2}\right]=\left[[x]+\{x\}+\dfrac{1}{2}\right]$

$\qquad\qquad =[x]+\left[\{x\}+\dfrac{1}{2}\right].$

另外有 $[2x]-[x]$

$=2[x]+[2\{x\}]-[x]-[\{x\}]$

$=[x]+[2\{x\}]-[\{x\}]$

$=[x]+[2\{x\}].$

当 $0 \leqslant \{x\} < \dfrac{1}{2}$ 时，有

$$\left[\{x\}+\dfrac{1}{2}\right]=0,\ [2\{x\}]=0.$$

此时有 $\left[\{x\}+\dfrac{1}{2}\right]=[2\{x\}].$

当 $\dfrac{1}{2} \leqslant \{x\} < 1$ 时，有

$$\left[\{x\}+\dfrac{1}{2}\right]=1,\ [2\{x\}]=1.$$

此时有 $\left[\{x\}+\dfrac{1}{2}\right]=[2\{x\}].$

综上所述，有

$$\left[x+\dfrac{1}{2}\right]=[2x]-[x].$$

结论成立.

(2) ∵ $\left[\dfrac{n+1}{2}\right]+\left[\dfrac{n+2}{2^2}\right]+\cdots+\left[\dfrac{n+2^k}{2^{k+1}}\right]+\cdots$

$=\left[\dfrac{n}{2}+\dfrac{1}{2}\right]+\left[\dfrac{n}{2^2}+\dfrac{1}{2}\right]+\cdots+\left[\dfrac{n}{2^{k+1}}+\dfrac{1}{2}\right]+\cdots$

$=[n]-\left[\dfrac{n}{2}\right]+\left[\dfrac{n}{2}\right]-\left[\dfrac{n}{4}\right]+\cdots+\left[\dfrac{n}{2^{k-1}}\right]-\left[\dfrac{n}{2^k}\right]+\cdots,$

当 k 充分大时，有 $\left[\dfrac{n}{2^k}\right]=0,$

∴ $\left[\dfrac{n+1}{2}\right]+\left[\dfrac{n+2}{2^2}\right]+\cdots+\left[\dfrac{n+2^k}{2^{k+1}}\right]+\cdots$

$=n.$

例 6 求证：当且仅当存在某个正整数 k 使得 $n=2^{k-1}$ 时，2^{n-1} 能整除 $n!$.

解：设 $2^{k-1}\leqslant n<2^k$，根据定理 1.6.3 得

$$2(n!)=\left[\dfrac{n}{2}\right]+\left[\dfrac{n}{2^2}\right]+\cdots+\left[\dfrac{n}{2^{k-1}}\right].$$

根据定理 1.6.1 (4) 得

$$2(n!)\leqslant\left[\dfrac{n}{2}+\dfrac{n}{2^2}+\cdots+\dfrac{n}{2^{k-1}}\right]$$

$$=\left[n\left(\dfrac{1}{2}+\dfrac{1}{2^2}+\cdots+\dfrac{n}{2^{k-1}}\right)\right]$$

$$=\left[n\left(1-\dfrac{1}{2^{k-1}}\right)\right]$$

$$=\left[n-\dfrac{n}{2^{k-1}}\right].$$

由 $2^{k-1}\leqslant n<2^k$ 可知 $1\leqslant\dfrac{n}{2^{k-1}}<2,$

∴ $2(n!)\leqslant\left[n-\dfrac{n}{2^{k-1}}\right]\leqslant n-1.$

如果 2^{n-1} 能整除 $n!$，则由上式必有 $2(n!)=n-1,$

从而
$$\frac{n}{2^{k-1}}=1,\ 即\ n=2^{k-1}.$$

反过来，如果 $n=2^{k-1}$，则
$$2(n!)=\left[\frac{2^{k-1}}{2}\right]+\left[\frac{2^{k-1}}{2^2}\right]+\cdots+\left[\frac{2^{k-1}}{2^{k-1}}\right]$$
$$=2^{k-2}+2^{k-3}+\cdots+2+1$$
$$=2^{k-1}-1$$
$$=n-1,$$

即 $n!$ 中有 $n-1$ 个质因数 2，故 $2^{n-1}\mid n!$.

结论成立.

例 7 解方程
$$4x^2-40[x]+51=0.$$

解：$\because\ [x]\leqslant x<[x]+1,$

由 $[x]\leqslant x$，有
$$4[x]^2-40[x]+51\leqslant 0,$$
即
$$(2[x]-17)(2[x]-3)\leqslant 0,$$
$\therefore\ \begin{cases}2[x]-17\geqslant 0\\ 2[x]-3\leqslant 0\end{cases}$ 或 $\begin{cases}2[x]-17\leqslant 0\\ 2[x]-3\geqslant 0\end{cases}$

则 $\dfrac{3}{2}\leqslant [x]\leqslant \dfrac{17}{2}$，即

$[x]$ 的值为 2，3，4，5，6，7，8.

由 $x<[x]+1$，有
$$4([x]+1)^2-40[x]+51>0,$$
即
$$(2[x]-11)(2[x]-5)>0,$$
$\therefore\ \begin{cases}2[x]-11>0\\ 2[x]-5>0\end{cases}$ 或 $\begin{cases}2[x]-11<0\\ 2[x]-5<0\end{cases}$

则有 $[x]>\dfrac{11}{2}$ 或 $[x]<\dfrac{5}{2}.$

即 $[x]$ 为大于 5 的任一整数或小于 3 的任一整数，综合上述情况可知：

$[x]$ 的值为 2，6，7，8.

当 $[x]=2$ 时，原方程变为：
$$4x^2-80+51=0,$$
此时 $x=\frac{1}{2}\sqrt{29}$；

当 $[x]=6$ 时，原方程变为：
$$4x^2-240+51=0,$$
此时 $x=\frac{1}{2}\sqrt{189}$；

当 $[x]=7$ 时，原方程变为：
$$4x^2-280+51=0,$$
此时 $x=\frac{1}{2}\sqrt{229}$；

当 $[x]=8$ 时，原方程变为：
$$4x^2-320+51=0,$$
此时 $x=\frac{1}{2}\sqrt{269}$.

故方程有 4 个解，分别为：
$$\frac{1}{2}\sqrt{29},\ \frac{1}{2}\sqrt{189},\ \frac{1}{2}\sqrt{229},\ \frac{1}{2}\sqrt{269}.$$

例 8 试求满足 $3(n!)=7$ 的自然数 n.

解：当 $n\in \mathbf{N}$ 时，有
$$3(n!)=\left[\frac{n}{3}\right]+\left[\frac{n}{3^2}\right]+\left[\frac{n}{3^3}\right]+\cdots.$$

当 $n=27$ 时，
$$3(n!)=\left[\frac{27}{3}\right]+\left[\frac{27}{3^2}\right]+\left[\frac{27}{3^3}\right]=9+3+1$$
$$=13>7,$$

当 $n=9$ 时,
$$3(n!) = \left[\frac{9}{3}\right] + \left[\frac{9}{3^2}\right] = 3 + 1 = 4 < 7.$$

由上面的分析可知,满足条件的自然数 n 只可能在 9 与 27 之间.

当 $n=10$ 时,
$$3(n!) = \left[\frac{10}{3}\right] + \left[\frac{10}{3^2}\right] = 3 + 1 = 4 < 7,$$

当 $n=11$ 时,
$$3(n!) = \left[\frac{11}{3}\right] + \left[\frac{11}{3^2}\right] = 3 + 1 = 4 < 7,$$

当 $n=12$ 时,
$$3(n!) = \left[\frac{12}{3}\right] + \left[\frac{12}{3^2}\right] = 4 + 1 = 5 < 7,$$

当 $n=13$ 时,
$$3(n!) = \left[\frac{13}{3}\right] + \left[\frac{13}{3^2}\right] = 4 + 1 = 5 < 7,$$

当 $n=14$ 时,
$$3(n!) = \left[\frac{14}{3}\right] + \left[\frac{14}{3^2}\right] = 4 + 1 = 5 < 7,$$

当 $n=15$ 时,
$$3(n!) = \left[\frac{15}{3}\right] + \left[\frac{15}{3^2}\right] = 5 + 1 = 6 < 7,$$

当 $n=16$ 时,
$$3(n!) = \left[\frac{16}{3}\right] + \left[\frac{16}{3^2}\right] = 5 + 1 = 6 < 7,$$

当 $n=17$ 时,
$$3(n!) = \left[\frac{17}{3}\right] + \left[\frac{17}{3^2}\right] = 5 + 1 = 6 < 7,$$

当 $n=18$ 时,

$$3(n!) = \left[\frac{18}{3}\right] + \left[\frac{18}{3^2}\right] = 6 + 2 = 8 > 7.$$

综上所述，满足条件 $3(n!)=7$ 的自然数 n 不存在.

2. 逐步淘汰原则

定理 1.6.4（逐步淘汰原则）设有 n 件事物，其中有 n_{a_1} 件具有性质 α_1，n_{a_2} 件具有性质 α_2，……，n_{a_s} 件具有性质 α_s；$n_{a_1 a_2}$ 件既具有性质 α_1 又具有性质 α_2，$n_{a_1 a_3}$ 件既具有性质 α_1 又具有性质 α_3，……，$n_{a_{s-1} a_s}$ 件既具有性质 α_{s-1} 又具有性质 α_s；$n_{a_1 a_2 a_3}$ 件既具有性质 α_1 又具有性质 α_2 还具有性质 α_3，……，$n_{a_{s-2} a_{s-1} a_s}$ 既具有性质 α_{s-2} 又具有性质 α_{s-1} 还具有性质 α_s；……；$n_{a_1 a_2 \cdots a_s}$ 件既具有性质 α_1，还具有性质 α_2，α_3，…，α_s. 则这 n 件事物中，既不具有性质 α_1，又不具有性质 α_2，……，又不具有性质 α_s 的事件的件数为：

$$n - (n_{a_1} + n_{a_2} + \cdots + n_{a_s}) + (n_{a_1 a_2} + n_{a_1 a_3} + \cdots + n_{a_{s-1} a_s}) - (n_{a_1 a_2 a_3} + \cdots + n_{a_{s-2} a_{s-1} a_s}) + \cdots + (-1)^s n_{a_1 a_2 \cdots a_s}. \tag{1}$$

证明：用 p 表示具有 $k(1 \leqslant k \leqslant s)$ 种性质 α_1，α_2，…，α_k 的一件事物，则 p 这一事物在 n 中出现 1 次，在 n_{a_1}，n_{a_2}，…，n_{a_k} 中出现 k 次，在 $n_{a_1 a_2}$，…，$n_{a_{k-1} a_k}$ 中出现 C_k^2 次，在 $n_{a_1 a_2 a_3}$，…，$n_{a_{k-2} a_{k-1} a_k}$ 中出现 C_k^3 次，……所以 p 这一事物在(1)中出现的次数为：

$$1 - k + C_k^2 - C_k^3 + \cdots + (-1)^k C_k^k$$
$$= (1-1)^k = 0.$$

用 q 表示不具有性质 α_1，不具有性质 α_2，……，不具有性质 α_k 的某件事物，事物 q 在 n 中出现 1 次，在 n_{a_1}，n_{a_2}，…，n_{a_k} 中出现 0 次（即不出现），在 $n_{a_1 a_2}$，$n_{a_1 a_3}$，…，$n_{a_{k-1} a_k}$ 中出现 0 次，……，所以，事物 q 在(1)中出现 1 次.

由于具有 $k(\geqslant 1)$ 种性质的事物 p 在(1)式中不出现，而不具有性质 α_1，……，又不具有性质 α_k 的事物 q 在(1)式中出现 1 次．所

以既不具有性质 α_1，又不具有性质 α_2，……，又不具有性质 α_s 的全体事物的件数为：

$$n-(n_{\alpha_1}+n_{\alpha_2}+\cdots+n_{\alpha_s})+(n_{\alpha_1\alpha_2}+\cdots+n_{\alpha_{s-1}\alpha_s})-(n_{\alpha_1\alpha_2\alpha_3}+\cdots+n_{\alpha_{s-2}\alpha_{s-1}\alpha_s})+\cdots+(-1)^s n_{\alpha_1\alpha_2\cdots\alpha_s}.$$

定理得证.

（此定理常称为**容斥原理**）

例9 红、黄、蓝变色灯的拉线开关是这样设计的：接上电源即出现红色，拉第一次开关时灯色由红变黄，拉第二次开关时灯色由黄变蓝，拉第三次开关时灯色由蓝变红，如此循环往复.

现对编号为 1，2，…，2 000 的 2 000 盏变色灯接上电源，先将编号为 2 的倍数的灯的灯线拉一下，再将编号为 3 的倍数灯的灯线也拉一下，最后将编号为 5 的倍数灯的灯线也拉一下，三次拉完后黄色灯的盏数有多少？

解：用 n 表示被拉过灯的盏数，则

$$n=\left[\frac{2\,000}{2}\right]+\left[\frac{2\,000}{3}\right]+\left[\frac{2\,000}{5}\right]-\left[\frac{2\,000}{2\times3}\right]-\left[\frac{2\,000}{2\times5}\right]-\left[\frac{2\,000}{3\times5}\right]+\left[\frac{2\,000}{2\times3\times5}\right]$$
$$=1\,000+666+400-333-200-133+66$$
$$=1\,466(盏).$$

用 n_1,n_2,n_3 分别表示被拉过一次、二次、三次灯的盏数，则

$$n_2=\left[\frac{2\,000}{2\times3}\right]+\left[\frac{2\,000}{2\times5}\right]+\left[\frac{2\,000}{3\times5}\right]-3\times\left[\frac{2\,000}{2\times3\times5}\right]$$
$$=468(盏),$$

$$n_3=\left[\frac{2\,000}{2\times3\times5}\right]=66(盏),$$

因为恰被拉过一次的灯是黄灯，所以

$$n_1=n-n_2-n_3$$

$$=1\,466-468-66$$
$$=932(盏).$$

三次拉完后黄灯的盏数为 932.

例 10 1 到 100 这 100 个自然数中,既不是 2 的倍数,也不是 3 的倍数,也不是 5 的倍数,还不是 7 的倍数的数有多少个?

解:共有 100 个自然数,其中

2 的倍数有 $\left(\left[\dfrac{100}{2}\right]=\right)50$ 个,

3 的倍数有 $\left(\left[\dfrac{100}{3}\right]=\right)33$ 个,

5 的倍数有 $\left(\left[\dfrac{100}{5}\right]=\right)20$ 个,

7 的倍数有 $\left(\left[\dfrac{100}{7}\right]=\right)14$ 个,

既是 2 的倍数又是 3 的倍数的数共有 $\left(\left[\dfrac{100}{2\times 3}\right]=\right)16$ 个,

既是 2 的倍数又是 5 的倍数的数共有 $\left(\left[\dfrac{100}{2\times 5}\right]=\right)10$ 个,

既是 2 的倍数又是 7 的倍数的数共有 $\left(\left[\dfrac{100}{2\times 7}\right]=\right)7$ 个,

既是 3 的倍数又是 5 的倍数的数共有 $\left(\left[\dfrac{100}{3\times 5}\right]=\right)6$ 个,

既是 3 的倍数又是 7 的倍数的数共有 $\left(\left[\dfrac{100}{3\times 7}\right]=\right)4$ 个,

既是 5 的倍数又是 7 的倍数的数共有 $\left(\left[\dfrac{100}{5\times 7}\right]=\right)2$ 个,

既是 2 又是 3 又是 5 的倍数的数共有 $\left(\left[\dfrac{100}{2\times 3\times 5}\right]=\right)3$ 个,

既是 2 又是 3 又是 7 的倍数的数共有 $\left(\left[\dfrac{100}{2\times 3\times 7}\right]=\right)2$ 个,

既是 2 又是 5 又是 7 的倍数的数共有 $\left(\left[\dfrac{100}{2\times 5\times 7}\right]=\right)1$ 个.

其他的个数均为零.

应用容斥原理,既不是 2 的倍数,也不是 3 的倍数,也不是 5 的倍数,也不是 7 的倍数的数共有

$$100-\left[\frac{100}{2}\right]-\left[\frac{100}{3}\right]-\left[\frac{100}{5}\right]-\left[\frac{100}{7}\right]+\left[\frac{100}{2\times 3}\right]+\left[\frac{100}{2\times 5}\right]+\left[\frac{100}{2\times 7}\right]+\left[\frac{100}{3\times 5}\right]+\left[\frac{100}{3\times 7}\right]+\left[\frac{100}{5\times 7}\right]-\left[\frac{100}{2\times 3\times 5}\right]-\left[\frac{100}{2\times 3\times 7}\right]-\left[\frac{100}{2\times 5\times 7}\right]-\left[\frac{100}{3\times 5\times 7}\right]$$

$$=100-50-33-20-14+16+10+7+6+4+2-3-2-1-0-0-0-0$$

$$=22(个).$$

例 11 (不查表,也不凭记忆)求 1 到 100 之间质数有多少个?

解:用符号 $\pi(n)$ 表示不超过正整数 n 的质数的个数,由定理 1.2.3 知,不超过 100 的正整数如果不能被不超过 $\sqrt{100}$ 的所有质数整除,则该正整数是质数. 根据上面例 10 可知,在 1 到 100 这一百个自然数中,既不是 2 的倍数,也不是 3 的倍数,也不是 5 的倍数,还不是 7 的倍数的数共计 22 个. 这 22 个数中除 1 之外其余各数都是质数,但这 21 个质数中少了 2,3,5,7 这四个质数,所以

$$\pi(100)=4-1+22=25.$$

如果把这个过程写出来,则

$$\pi(100)=4-1+100-\left[\frac{100}{2}\right]-\left[\frac{100}{3}\right]-\left[\frac{100}{5}\right]-\left[\frac{100}{7}\right]+\left[\frac{100}{2\times 3}\right]+\left[\frac{100}{2\times 5}\right]+\left[\frac{100}{2\times 7}\right]+\left[\frac{100}{3\times 5}\right]+\left[\frac{100}{3\times 7}\right]+\left[\frac{100}{5\times 7}\right]-\left[\frac{100}{2\times 3\times 5}\right]-\left[\frac{100}{2\times 3\times 7}\right]-\left[\frac{100}{2\times 5\times 7}\right]-\left[\frac{100}{3\times 5\times 7}\right]+\left[\frac{100}{2\times 3\times 5\times 7}\right]$$

$$=25.$$

由此例可猜想出下面的定理.

定理 1.6.5 如果不超过 $\sqrt{n}$(n 是正整数)的质数有 s 个,分别为 $2 = p_1 < p_2 < \cdots < p_s \leqslant \sqrt{n}$,其中 $p_1, p_2, \cdots, p_s$ 为不超过 $\sqrt{n}$ 的全部质数,则

$$\pi(n) = s - 1 + n - \left(\left[\frac{n}{p_1}\right] + \left[\frac{n}{p_2}\right] + \cdots + \left[\frac{n}{p_s}\right]\right) + \left(\left[\frac{n}{p_1 p_2}\right] + \left[\frac{n}{p_1 p_3}\right] + \cdots + \left[\frac{n}{p_{s-1} p_s}\right]\right) - \left(\left[\frac{n}{p_1 p_2 p_3}\right] + \cdots + \left[\frac{n}{p_{s-2} p_{s-1} p_s}\right]\right) + \cdots + (-1)^s \left[\frac{n}{p_1 p_2 \cdots p_s}\right].$$

证明:根据逐步淘汰原则,在 1 到 n 这 n 个正整数中,既不是 p_1 的倍数,又不是 p_2 的倍数,又不是 p_3 的倍数,……,还不是 p_s 的倍数的数的个数为:

$$m = n - \sum_{i=1}^{s}\left[\frac{n}{p_i}\right] + \sum_{1 \leqslant i < j \leqslant s}\left[\frac{n}{p_i p_j}\right] - \sum_{1 \leqslant i < j < t \leqslant s}\left[\frac{n}{p_i p_j p_t}\right] + \cdots + (-1)^s \left[\frac{n}{\prod_{i=1}^{s} p_i}\right].$$

在上述这 m 个数中,除 1 之外都是质数,但在这 $m-1$ 个质数中没有 $p_1, p_2, \cdots, p_s$,这样,

$$\pi(n) = s - 1 + n - \sum_{i=1}^{s}\left[\frac{n}{p_i}\right] + \sum_{1 \leqslant i < j \leqslant s}\left[\frac{n}{p_i p_j}\right] - \sum_{1 \leqslant i < j < t \leqslant s}\left[\frac{n}{p_i p_j p_t}\right] + \cdots + (-1)^s \left[\frac{n}{\prod_{i=1}^{s} p_i}\right].$$

定理得证.

例 12 求 1 到 100 这一百个自然数中既不是 2 的倍数,也不是 3 的倍数,也不是 5 的倍数,还不是 7 的倍数的数之和是多少?

解:1 到 100 这一百个自然数之和为:

$$(1 + 100) \times 100 \div 2 = 5\,050,$$

2 的倍数之和为：

$$(2+100)\times\left[\frac{100}{2}\right]\div 2=2\,550,$$

3 的倍数之和为：

$$(3+99)\times\left[\frac{100}{3}\right]\div 2=1\,683,$$

5 的倍数之和为：

$$(5+100)\times\left[\frac{100}{5}\right]\div 2=1\,050,$$

7 的倍数之和为：

$$(7+98)\times\left[\frac{100}{7}\right]\div 2=735,$$

既是 2 的倍数又是 3 的倍数的数之和为：

$$(6+96)\times\left[\frac{100}{2\times 3}\right]\div 2=816,$$

既是 2 的倍数又是 5 的倍数的数之和为：

$$(10+100)\times\left[\frac{100}{2\times 5}\right]\div 2=550,$$

既是 2 的倍数又是 7 的倍数的数之和为：

$$(14+98)\times\left[\frac{100}{2\times 7}\right]\div 2=392,$$

既是 3 的倍数又是 5 的倍数的数之和为：

$$(15+90)\times\left[\frac{100}{3\times 5}\right]\div 2=315,$$

既是 3 的倍数又是 7 的倍数的数之和为：

$$(21+84)\times\left[\frac{100}{3\times 7}\right]\div 2=210,$$

既是 5 的倍数又是 7 的倍数的数只有 35，70 这两个数，它们和为：

$$35+70=105,$$

既是 2 的倍数又是 3 的倍数还是 5 的倍数的数只有 30，60，

90 这三个数,它们的和为:
$$30+60+90=180,$$

既是 2 的倍数又是 3 的倍数还是 7 的倍数的数只有 42, 84, 这两个数,它们的和为:
$$42+84=126,$$

既是 2 的倍数又是 5 的倍数还是 7 的倍数的数只有 70 这一个数.

其他情况均为零.

应用逐步淘汰原则,既不是 2 的倍数,也不是 3 的倍数,也不是 5 的倍数,还不是 7 的倍数的所有数之和为:

5 050−2 550−1 683−1 050−735+816+550+392+315+210+105−180−126−70=1 044.

例 13 求 1 到 100 之间所有质数的和是多少?

解:由上面例 12 知,1 到 100 这一百个自然数中,既不是 2 的倍数,也不是 3 的倍数,也不是 5 的倍数,还不是 7 的倍数的所有数之和为 1 044,这些数与前一百个自然数中所有质数相比多了 1 个 1,少了 2,3,5,7 这四个质数,所以不超过一百的所有质数和为:

$$1\ 044-1+2+3+5+7=1\ 060.$$

把这个过程写出来,则有

$$2+3+5+7-1+\sum_{i=1}^{100}i-\sum_{i=1}^{\left[\frac{100}{2}\right]}2i-\sum_{i=1}^{\left[\frac{100}{3}\right]}3i-\sum_{i=1}^{\left[\frac{100}{5}\right]}5i-\sum_{i=1}^{\left[\frac{100}{7}\right]}7i$$

$$+\sum_{i=1}^{\left[\frac{100}{2\times3}\right]}2\times3i+\sum_{i=1}^{\left[\frac{100}{2\times5}\right]}2\times5i+\sum_{i=1}^{\left[\frac{100}{2\times7}\right]}2\times7i+\sum_{i=1}^{\left[\frac{100}{3\times5}\right]}3\times5i+\sum_{i=1}^{\left[\frac{100}{3\times7}\right]}3\times7i$$

$$+\sum_{i=1}^{\left[\frac{100}{5\times7}\right]}5\times7i-\sum_{i=1}^{\left[\frac{100}{2\times3\times5}\right]}2\times3\times5i-\sum_{i=1}^{\left[\frac{100}{2\times3\times7}\right]}2\times3\times7i-\sum_{i=1}^{\left[\frac{100}{2\times5\times7}\right]}2\times5\times7i$$

$$-\sum_{i=1}^{\left[\frac{100}{3\times5\times7}\right]}3\times5\times7i$$

$= 1\,044 + 16$

$= 1\,060.$

由上面例 13 可猜想出下面的定理.

定理 1.6.6 设 n 是正整数,若不超过 $\sqrt{n}$ 的质数共有 s 个,分别为:

$$2 = p_1 < p_2 < \cdots < p_s \leqslant \sqrt{n}.$$

用 $\bar{s}(n)$ 表示不超过 n 的所有质数之和,则

$$\bar{s}(n) = \sum_{i=1}^{s} p_i - 1 + \sum_{i=1}^{n} i - \sum_{i=1}^{\left[\frac{n}{p_1}\right]} p_1 i - \sum_{i=1}^{\left[\frac{n}{p_2}\right]} p_2 i - \cdots - \sum_{i=1}^{\left[\frac{n}{p_s}\right]} p_s i + \sum_{i=1}^{\left[\frac{n}{p_1 p_2}\right]} p_1 p_2 i + \sum_{i=1}^{\left[\frac{n}{p_1 p_3}\right]} p_1 p_3 i + \cdots + \sum_{i=1}^{\left[\frac{n}{p_{s-1} p_s}\right]} p_{s-1} p_s i - \sum_{i=1}^{\left[\frac{n}{p_1 p_2 p_3}\right]} p_1 p_2 p_3 i - \cdots - \sum_{i=1}^{\left[\frac{n}{p_{s-2} p_{s-1} p_s}\right]} p_{s-2} p_{s-1} p_s i + \cdots + (-1)^s \sum_{i=1}^{\left[\frac{n}{p_1 \cdots p_s}\right]} p_1 p_2 \cdots p_s i.$$

(请读者自己证明)

例 14 由数字 1,2,3 组成的 n 位数中,1,2,3 每一个数字至少出现一次,求所有这种 n 位数共有多少个.

解:用 I 表示由数字 1,2,3 组成的 n 位数全体构成的集,A_1,A_2,A_3 分别表示 I 中所有不含数字 1,2,3 的 n 位数组成的集合,则 $\overline{A_1 \bigcup A_2 \bigcup A_3}$ 表示同时含有数字 1,2,3 的 n 位数组成的集合,用 $|A|$ 表示集 A 中元素的个数. 很明显

$|I| = 3^n$,$|A_1| = |A_2| = |A_3| = 2^n$,

$|A_i \bigcap A_j| = 1$ $(1 \leqslant i < j \leqslant 3)$,

$|A_1 \bigcap A_2 \bigcap A_3| = 0.$

根据逐步淘汰原则知

$$|\overline{A_1 \bigcup A_2 \bigcup A_3}| = |I| - \sum_{i=1}^{3} |A_i| + \sum_{1 \leqslant i < j \leqslant 3} |A_i \bigcap A_j|$$
$$- |A_1 \bigcup A_2 \bigcup A_3|$$

$$= 3^n - 3 \times 2^n + 3 \times 1 - 0$$
$$= 3^n - 3 \times 2^n + 3.$$

习 题 1.6

1. 若集 $A = \{x \mid x = [\sin \alpha], \alpha \in \mathbf{R}\}$, $B = \{x \mid x = [\tan \alpha], \alpha \neq \frac{\pi}{2} + k\pi\}$, 求 $A \cap B$, $A \cup B$.

2. 设 $\left[\dfrac{1}{3-\sqrt{7}}\right] = \alpha$, $\left\{\dfrac{1}{3-\sqrt{7}}\right\} = \beta$, 试求 $\alpha^2 + (1+\sqrt{7})\alpha\beta$ 的值.

3. 求 $\left[\sqrt[3]{1+\sqrt[3]{2+\sqrt[3]{3+\cdots+\sqrt[3]{2\,000}}}}\right]$ 的值.

4. 证明: 若 $(p, q) = 1$, 则
$$\left[\frac{p}{q}\right] + \left[\frac{2p}{q}\right] + \cdots + \left[\frac{(q-1)p}{q}\right] = \frac{(p-1)(q-1)}{2}.$$

5. 求 $[\log_2 1] + [\log_2 2] + [\log_2 3] + \cdots + [\log_2 1\,024]$ 的值.

6. 求使 $\dfrac{101 \times 102 \times 103 \times \cdots \times 999 \times 1\,000}{7^k}$ 为整数的最大自然数 k 的值.

7. 解方程
(1) $[3x-1] = [2x+1]$;
(2) $3x + 5[x] - 50 = 0$;
(3) $[x]^2 = x\{x\}$.

8. 设 x, y 满足下列方程组
$$\begin{cases} y = 2[x] + 3 \\ y = 3[x-2] + 5 \end{cases}$$
且 x 不是一个整数, 则 $x+y$ 在哪两个整数之间?

9. 试证方程
$$[x] + [2x] + [4x] + [8x] + [16x] + [32x] = 12\,345 \text{ 无实数根}.$$

10. 1 到 120 这 120 个正整数中所有质数的和是多少?

11. 求 25! 的标准分解式.

12. 2 000! 的末尾有多少个连续的零?

13. 某班学生参加数、理、化三科测试. 数、理、化成绩优秀的学生人数依次为 30,28,25. 数理、理化、化数两科成绩都优秀的学生人数依次为 20,16,17. 数理化三科成绩都优秀的学生有 10 人. 问：数理两科至少有一科优秀的学生有多少人? 数理化三科至少有一科优秀的学生又有多少人?

14. 从自然数列 1,2,3,4,5,… 中依次划去 3 的倍数和 4 的倍数,但是其中凡是 5 的倍数的数均保留(例如 15,20,… 都不划去),划完之后剩下的数依次构成一个新的数列：$a_1=1$, $a_2=2$, $a_3=5$, $a_4=7$, … 求 $a_{2\,000}$ 的值.

§1.7　费马(Fermat)数　梅森(Mersenne)数　完全数

在第二节质数与合数中,我们介绍了两种筛法,但无论如何,筛法都是繁琐的.

1772 年欧拉发现：$f(n)=n^2+n+41$,当整数 n 满足 $-40\leqslant n\leqslant 39$ 时,$f(n)$ 的值都是质数,但 $f(40)=41^2$ 已不是质数.

此后类似的公式人们又陆续给出,比如：

$f(n)=n^2+n+17$,当 $n=0,1,…,15$ 时,$f(n)$ 的值都是质数;

$f(n)=n^2-2\,999n+224\,854$,当 n 取 $1\,460\leqslant n\leqslant 1\,539$ 的整数时,$f(n)$ 的值都是质数;

$f(n)=n^2-79n+1\,601$,当 n 取 $0\leqslant n\leqslant 79$ 的整数时,$f(n)$ 的值都是质数.

第一章 整数的整除性

20世纪50年代,毕格尔认为:$f(n)=n^2-n+72\,491$,当n取$0 \leqslant n \leqslant 11\,000$的整数时,$f(n)$的值是质数. 但有人指出:

$f(0)=72\,491=71\times 1\,021$,

$f(5)=72\,511=59\times 1\,229$,

$f(9)=72\,563=149\times 487$

均不是质数,从而否定了毕格尔的结论.

历史上,要找出一个定义在整数集上的多项式函数,使其值域是质数的努力之所以均告失败,是因为有下面的定理:

任何一个整系数的次数大于零的多项式函数$f(x)$,不可能对x取任何自然数n时,$f(n)$都是质数.

1. 费马数

费马(Fermat)是16世纪法国业余数学家,常与当时著名数学家笛卡儿、梅森交往. 他一生有过许多重要发现,如费马大定理、费马小定理等.

为了寻找质数的表达式,1640年费马验算了表达式$F_n=2^{2^n}+1$,当$n=0,1,2,3,4$时的值分别为:

$F_0=3$,$F_1=5$,$F_2=17$,$F_3=257$,$F_4=65\,537$ 均为质数,于是他便断言:

对于任何非负整数n,表达式$F_n=2^{2^n}+1$的值均是质数.

1732年数学大师欧拉(Euler)发现F_5是合数,1880年,朗道(Landry)指出,F_6也是合数.

定义 1.11 当n为非负整数时,形状是$F_n=2^{2^n}+1$的数叫费马数.

到目前为止,人们除了F_0,F_1,F_2,F_3,F_4外,再也没有找到新的这类质数,而且还证实F_5,F_6,F_7,F_8,F_9,F_{10},F_{11},F_{12},F_{13},F_{14},F_{15},F_{16},F_{18},F_{19},F_{21},F_{23},F_{25},F_{26},F_{27},F_{30},F_{32},F_{36},F_{38},F_{39},F_{42},F_{52},F_{55},F_{58},F_{63},F_{73},F_{77},

F_{81}，F_{117}，F_{125}，F_{144}，F_{150}，F_{207}，F_{226}，F_{228}，F_{260}，F_{267}，F_{268}，F_{284}，F_{316}，F_{452}，$F_{1\,945}$ 46 个费马数都是合数. 最大的 $F_{1\,945}$ 是有 $10^{10^{584}}$ 位的数，其中计算 F_{13} 就花费了电脑 $6\dfrac{1}{4}$ 小时的时间.

现在人们还不能肯定 F_{17} 等是否合数，但一般的猜想是：
当 $n \geqslant 5$ 时，F_n 均不是质数.

在费马数中，是否有无限多个质数，或者是否有无限多个合数，这是个至今仍悬而未决的问题.

令人觉得奇怪的是：费马数还与正多边形尺规作图问题有关系.

德国数学家高斯(Gauss)19 岁时发现了下面的命题.

正 n 边形可用尺规作图的充要条件是：$n \geqslant 3$ 且 n 的最大奇因数是费马质数之积.

更有趣的是：1832 年德国人黎西罗用尺规完成了正二百五十七(F_3)边形的作图，尔后赫姆斯花费十年光阴用尺规完成正六万五千五百三十七(F_4)边形的作图，这是迄今为止人们用尺规作出的边数最多的正多边形.

例 1 证明 F_5 是合数.

证明：为方便起见，令 $a = 2^7$，$b = 5$，那么 $a - b^3 = 2^7 - 5^3 = 3$，
$$1 + ab - b^4 = 1 + (a - b^3)b = 1 + 3b = 2^4.$$

∵ $F_5 = 2^{2^5} + 1 = (2a)^4 + 1$

$\quad = 2^4 a^4 + 1 = (1 + ab - b^4)a^4 + 1$

$\quad = (1 + ab)a^4 + 1 - a^4 b^4$

$\quad = (1 + ab)a^4 + (1 + a^2 b^2)(1 - a^2 b^2)$

$\quad = (1 + ab)a^4 + (1 + ab)(1 - ab)(1 + a^2 b^2)$

$\quad = (1 + ab)[a^4 + (1 - ab)(1 + a^2 b^2)]$,

而 $\quad\quad\quad\quad 1 + ab = 1 + 2^7 \times 5 = 641$,

$\quad\quad a^4 + (1 - ab)(1 + a^2 b^2) = 6\,700\,417$,

∴ $F_5 = 641 \times 6\,700\,417$.

则 F_5 是合数.

命题得证.

例 2 如果 $2^m + 1$ 是质数，则 $m = 2^n$（n 是正整数）.

证明：假设 m 有奇数的真约数 q，则令 $m = qr$ （$r \in \mathbf{N}_+$）.

$$2^m + 1 = 2^{rq} + 1$$
$$= (2^r + 1)(2^{r(q-1)} - 2^{r(q-2)} + \cdots + (-1)^{(t+1)} 2^{r(q-t)}$$
$$+ \cdots - 2^r + 1).$$

∵ $1 < 2^r + 1 < 2^m + 1$,

$(2^r + 1) \mid (2^m + 1)$,

∴ $2^m + 1$ 是合数.

这与 $2^m + 1$ 是质数的已知条件矛盾，即
$$m = 2^n.$$

结论成立.

例 3 任意两个(不等的)费马数互质.

证明：设两个不同的费马数为 F_m, F_n，不妨设 $m = n + k$ （$k \neq 0$），则

$$\frac{F_m - 2}{F_n} = \frac{F_{n+k} - 2}{F_n}$$
$$= \frac{2^{2^{n+k}} + 1 - 2}{2^{2^n} + 1}$$
$$= \frac{(2^{2^n})^{2^k} - 1}{2^{2^n} + 1}$$
$$= (2^{2^n})^{2^k - 1} - (2^{2^n})^{2^k - 2} + \cdots - 1.$$

∵ $(2^{2^n})^{2^k - 1} - (2^{2^n})^{2^k - 2} + \cdots - 1$ 是整数,

∴ $F_n \mid (F_m - 2)$.

令 $(F_n, F_m) = d$,

∵ $d \mid F_n, d \mid F_m$,

∴ $d \mid 2$,但费马数是奇数,故 $d \neq 2$. 因此 $d=1$,则 $(F_n, F_m)=1$.

结论成立.

2. 梅森数

梅森(Mersenne),法国业余数学家,原是一位神父,但他酷爱数学. 1644 年,他向世人宣称:

当 $p=2,3,5,7,13,17,19,31,67,127,257$ 时,2^p-1 是质数.

此后人们发现梅森上述结论有误. 1903 年,科尔发现当 $p=67$ 时,$2^{67}-1=193\,707\,721 \times 761\,838\,257\,287$,故 $2^{67}-1$ 不是质数. 人们又发现 $p=61$ 时,$2^{61}-1$ 是质数,1911 年 Power 发现了 $2^{89}-1$ 是质数,三年后他又发现 $2^{107}-1$ 也是质数.

定义 1.12 当 p 是质数时,形状是 $M_p=2^p-1$ 的数叫梅森数.

$p=2,3,5,7,13,17,19,31$ 时,M_p 是质数的证明是数学大师欧拉于 1775 年完成的.

1953 年 6 月,美国加州的数学家罗宾逊利用计算机又找出了下面五个梅森质数:

M_{521},M_{607},$M_{1\,279}$,$M_{2\,203}$,$M_{2\,281}$;

1957 年莱素尔应用计算机找到了第十八个梅森质数 $M_{3\,217}$;

1961 年至 1963 年,赫尔兹等应用计算机找到下面的四个梅森数:

$M_{4\,253}$,$M_{4\,423}$,$M_{9\,688}$,$M_{9\,941}$;

1964 年乔利士找到第 23 个梅森质数 $M_{11\,213}$;

1971 年卓加曼找到第 24 个梅森质数 $M_{19\,937}$;

1978 年 10 月 30 日,年仅 18 岁的美国加州大学的学生尼奇尔和罗尔又找到第 25 个梅森质数 $M_{21\,701}$;

1979 年 2 月罗尔找到第 26 个梅森质数 $M_{23\,209}$;

第一章 整数的整除性

1979 年 4 月史诺云斯基在尼尔逊的协助下找到第 27 个梅森质数 $M_{44\,497}$；

1983 年史诺云斯基找到两个梅森质数 $M_{86\,243}$ 和 $M_{132\,049}$；

1985 年 9 月 17 日美国《洛杉矶时报》宣布找到第 30 个梅森质数 $M_{216\,091}$；

1988 年 Colquitt 等人找到另一个梅森质数 $M_{110\,503}$；

1985 年、1992 年、1993 年、1995 年史诺云斯基又分别找到梅森质数 $M_{216\,091}$，$M_{756\,839}$，$M_{859\,433}$，$M_{1\,257\,787}$；

二十世纪九十年代初，当 Internet 在世界掀起热潮且广泛应用之际，有人提议利用 Internet 上极其丰富的个人电脑资源来寻找更大的新的梅森质数.

截止 1998 年，"Internet 梅森质数大搜寻"已硕果累累，人们又找到了三个新的梅森质数：

1996 年末找到 $M_{1\,398\,269}$，$M_{2\,976\,211}$，1998 年 1 月美国加州大学学生克拉克森找到了 $M_{3\,021\,377}$.

至此，人们已找到了 37 个梅森质数.

例 4 求证：当 $m \neq n$，m，n 为质数时，$(M_m, M_n) = 1$.

证明：$\because m \neq n$，不妨令 $m > n$，则

$$m = nq + r \quad (0 \leqslant r < n),$$

$\because M_m = 2^m - 1$，$M_n = 2^n - 1$，

$\therefore 2^m - 1 = (2^n - 1)(2^{m-n} + 2^{m-2n} + \cdots + 2^{m-nq}) + (2^r - 1)$，则

$(2^m - 1, 2^n - 1)$

$= (2^n - 1, 2^r - 1)$.

重复上面的做法得：

$(2^n - 1, 2^r - 1)$

$= (2^r - 1, 2^{r_1} - 1)$

$= (2^{r_1} - 1, 2^{r_2} - 1)$

$= \cdots$

$$= (2^d - 1, 2^0 - 1)$$
$$= 2^d - 1,$$

这里 $d = (m, n)$.

∵ m, n 是不同的质数,

∴ $d = 1$, 则

$(M_m, M_n) = 1$.

结论成立.

3. 完全数

两千多年前,古希腊学者欧几里得在其著作《原本》中有这样一段话:

在自然数中,恰好等于其全部真因数(包括1)和的数叫"完全数".

定义 1.13 $a \in \mathbf{N}_+$,若 $\sigma(a) = 2a$,则称 a 为完全数.

定理 1.7.1 正整数 a 是偶完全数的充分必要条件是: $a = 2^n(2^{n+1} - 1)(n \geq 1)$,且 $2^{n+1} - 1$ 是质数.

证明:(必要性证明)

∵ a 是偶完全数,

令 $a = 2^n u (n \geq 1, u$ 是奇数, $(2^n, u) = 1)$.

∵ $\sigma(a) = \sigma(2^n u)$
$= \sigma(2^n) \sigma(u)$
$= (2^{n+1} - 1) \sigma(u),$

又 $\sigma(a) = 2a$,

∴ $2a = (2^{n+1} - 1) \sigma(u)$
$= 2^{n+1} u$, 则

$$\sigma(u) = \frac{2^{n+1} u}{2^{n+1} - 1} = u + \frac{u}{2^{n+1} - 1}.$$

∵ $\sigma(u), u \in \mathbf{Z}$,

∴ $(2^{n+1}-1) \mid u$,而 $2^{n+1}-1 > 1$,但是 u 与 $\dfrac{u}{2^{n+1}-1}$ 都是 u 的约数. $\sigma(u)$ 又是 u 的所有正约数之总和,所以 u 只有 u 和 $\dfrac{u}{2^{n+1}-1}$ 这两个约数. 又因为 $u > 1$ 及 u 至少有两个约数 u 和 1,所以有 $\dfrac{u}{2^{n+1}-1}=1$,即 $u=2^{n+1}-1$ 是质数.

∴ $a=2^n(2^{n+1}-1)$,其中 $2^{n+1}-1$ 是质数.

(充分性证明)

若 $a=2^n(2^{n+1}-1)$,其中 $2^{n+1}-1$ 是质数,

∴ $(2^n, 2^{n+1}-1)=1$,则

$\sigma(a) = \sigma(2^n(2^{n+1}-1))$

$= \sigma(2^n)\sigma(2^{n+1}-1)$

$= \dfrac{2^{n+1}-1}{2-1} \cdot (2^{n+1}-1+1)$

$= (2^{n+1}-1)2^{n+1}$

$= 2 \times 2^n(2^{n+1}-1)$

$= 2a.$

∴ a 是完全数,且 a 是偶数.

定理得证.

上述定理告诉我们:找到一个 2^p-1 型的质数,即找到一个偶完全数,而 2^p-1 型质数恰好是梅森质数. 因而可以这样讲:发现一个梅森质数,即相当于找到一个偶完全数. 根据上面所述,人们至少已找到了 37 个偶完全数.

例 5 若 $n > 1$,a^n-1 是质数,则 $a=2$,且 n 是质数.

证明:若 $a > 2$,则 $a-1$ 是 a^n-1 的约数,故 a^n-1 是合数,与已知 a^n-1 是质数矛盾,故 $a=2$.

当 $a=2$ 时,若 n 不是质数,可令 $n=\alpha\beta$,α,β 均是大于 1 的整数,则

$$2^n - 1 = 2^{\alpha\beta} - 1$$
$$= (2^\alpha - 1)(2^{\alpha(\beta-1)} + \cdots + 2^\alpha + 1),$$

这里 $2^\alpha - 1 > 1$，$2^{\alpha(\beta-1)} + \cdots + 2^\alpha + 1 > 1$，

∴ $2^n - 1$ 是合数，与已知 $2^n - 1$ 是质数矛盾，则 n 是质数.
结论成立.

把定理 1.7.1 与例 5 结合起来，就得到 1730 年欧拉证明过的结论：

偶完全数必可表为 $2^{p-1}(2^p - 1)$ 形状，其中 p 与 $2^p - 1$ 都是质数.

有无奇完全数存在，这是一个至今尚未解决的数学难题.

完全数有许多奇妙的性质：

(1) 完全数是 2 的连续方幂的和，如：$6 = 2^1 + 2^2$，$28 = 2^2 + 2^3 + 2^4$，$496 = 2^4 + 2^5 + 2^6 + 2^7 + 2^8$，…

(2) 除 6 以外，完全数是连续几个单数的立方和，如：
$28 = 1^3 + 3^3$，$496 = 1^3 + 3^3 + 5^3 + 7^3$，…

(3) 两位以上的完全数，把它的各数位上的数字相加得一数，再把这个数的各数位上的数字再相加又得一数，继续这样做下去，结果是 1. 如：

28，$2 + 8 = 10$，$1 + 0 = 1$；

496，$4 + 9 + 6 = 19$，$1 + 9 = 10$，$1 + 0 = 1$；

8 128，$8 + 1 + 2 + 8 = 19$，$1 + 9 = 10$，$1 + 0 = 1$；…

近代完全数的概念已推广为多倍完全数.

定义 1.14 $k, n \in \mathbf{N}_+$，若 $\sigma(n) = kn$，则称 n 为 k 倍完全数，用 p_k 表示 k 倍完全数. 如 $n = 2\,178\,540 = 2^2 \times 3^2 \times 5 \times 7^2 \times 13 \times 19$，$\sigma(n) = 4n$，所以 $2\,178\,540$ 是 p_4 数.

下面再简单介绍几种数的概念.

定义 1.15 $k, n \in \mathbf{N}_+$，若对于一切 $k < n$ 都有 $\dfrac{\sigma(n)}{n} > \dfrac{\sigma(k)}{k}$，

第一章 整数的整除性

则称 n 为过剩数. 如 4 就是过剩数, $\because \sigma(4)=7$, $\dfrac{\sigma(4)}{4}=\dfrac{7}{4}$, $\dfrac{\sigma(1)}{1}=1$, $\dfrac{\sigma(2)}{2}=\dfrac{3}{2}$, $\dfrac{\sigma(3)}{3}=\dfrac{4}{3}$. 而 1, $\dfrac{3}{2}$, $\dfrac{4}{3}$ 都小于 $\dfrac{7}{4}$.

定义 1.16 n, $k \in \mathbf{N}_+$, 若对所有的 $k \leqslant n$ 都是 n 的某些不同的真约数之和, 则称 n 为实用数. 如 6 就是实用数.

定义 1.17 (几乎完全数)当 $n = \sigma(n) - n - 1$ 时, 称 n 为几乎完全数.

定义 1.18 若自然数 n 等于它的某些真约数之和, 则称 n 为半完全数. 如 12 的真约数有 2, 3, 4, 6, 而 $12 = 2+4+6$, 故 12 是半完全数.

习 题 1.7

1. 若自然数 a 的正真约数的和等于自然数 b, 而 b 的正真约数的和又等于 a, 则称 a, b 为**亲和数**(或**互友数**), 即 $\sigma(a) = \sigma(b) = a+b$, 验证 17 296 和 18 416; 9 363 584 和 9 437 056 是亲和数.

2. 若 $\sigma(n) > 2n$, 则称 n 为**盈数**, 若 $\sigma(n) < 2n$, 则称 n 为**亏数**. 证明: 一个完全数或盈数 n 的任何倍数 $mn(m \geqslant 2)$ 都是盈数.

3. 试证不超过费马数 F_n 的质数至少有 $n+1$ 个, 因此质数有无穷多个.

4. 试证: 如果 $p > 2$, 那么 M_p 没有质因数 3, 如果 $p \neq 3$, 那么 M_p 没有质因数 7.

5. 试证:

(1) 若 a 是 p_3 数, 并且 a 不是 3 的倍数, 则 $3a$ 是 p_4 数;

(2) 若 $3a$ 是 p_{4k} 数, 且 $3 \nmid a$, 则 a 是 p_{3k} 数;

(3) 若 a 是 p_3 数, 且 $3 \mid a$, $5 \nmid a$, $9 \nmid a$, 则 $45a$ 是 p_4 数;

(4) 若 p 是质数, 则 $p^n (n \in \mathbf{N})$ 是亏数.

111

6. 验证 120 是 3 倍完全数，5 400 不是 4 倍完全数.

7. 证明：

(1) 大于 6 的完全数如能被 3 整除，则它必可被 9 整除；

(2) 大于 28 的完全数如能被 7 整除，则它必可被 49 整除.

第二章 同余

同余作为数论中最基本的概念，在数论中占有极为重要的地位，进而也极大地丰富了数学的内容．本章将主要介绍同余的概念及其基本性质，完全剩余系和简化剩余系，建立两个重要的定理，并阐述其在通信领域和循环小数上的应用．

§2.1 同余的定义及基本性质

在日常生活中，我们常常要问，今天是星期几、现在几点钟了等问题．这就要求我们注意的常常不是某些整数，而是用某一固定的整数去除某些整数所得的余数．例如，今天是星期一，再过 25 天或 32 天都是星期五，也就是从某日开始计算的总天数除以 7 时，它们的余数都是 4．这样，就在数学中产生了同余的概念．

定义 2.1 设 m 为正整数，称为模．如果用 m 去除任意两个整数 a 与 b 所得的余数相同，则称两个整数 a，b 对模 m 同余．记作

$$a \equiv b \pmod{m}.$$

如果余数不同,则称两个整数 a, b 对模 m 不同余. 记作

$$a \not\equiv b \pmod{m}.$$

由同余定义可知下列性质成立.

(1) 若 m 为正整数,a 为任意整数,则 $a \equiv a \pmod{m}$. (**反身性**)

(2) 设 m 为正整数,a, b 为整数,若 $a \equiv b \pmod{m}$,则 $b \equiv a \pmod{m}$. (**对称性**)

(3) 设 m 为正整数,a, b, c 为整数,若 $a \equiv b \pmod{m}$,$b \equiv c \pmod{m}$,则 $a \equiv c \pmod{m}$. (**传递性**)

为了更进一步讨论同余的性质,我们有以下定理.

定理 2.1.1 设 m 为正整数,a, b 为整数,则 a, b 对模 m 同余的充要条件是 $m \mid (a-b)$,即 $a = b + mt$,t 为整数.

证明:由带余除法,可设

$$a = mq_1 + r_1, \quad 0 \leq r_1 < m,$$
$$b = mq_2 + r_2, \quad 0 \leq r_2 < m.$$

若 $a \equiv b \pmod{m}$,则 $r_1 = r_2$,因此 $a - b = m(q_1 - q_2)$,即 $m \mid (a-b)$.

若 $m \mid (a-b)$,则 $m \mid [m(q_1-q_2) + (r_1-r_2)]$,因此 $m \mid (r_1-r_2)$. 但 $|r_1 - r_2| < m$,所以 $r_1 - r_2 = 0$,$r_1 = r_2$,即 $a \equiv b \pmod{m}$.

定理 2.1.1 说明同余的概念也可如下定义:设 m 为正整数,a, b 为整数,若 m 整除 $(a-b)$,则 a, b 对模 m 同余,记作 $a \equiv b \pmod{m}$;若 m 不整除 $(a-b)$,则 a, b 对模 m 不同余,记作 $a \not\equiv b \pmod{m}$.

由定理 2.1.1 及整除的性质可得同余的下列性质:

(4) 设 m 为正整数,a_1, b_1, a_2, b_2 为整数,若 $a_1 \equiv b_1 \pmod{m}$,$a_2 \equiv b_2 \pmod{m}$,则 $a_1 + a_2 \equiv b_1 + b_2 \pmod{m}$.

证明:由定理 2.1.1 知,$a_1 = b_1 + mt_1$,$a_2 = b_2 + mt_2$,t_1, t_2 为

整数. 因此 $a_1+a_2=b_1+b_2+m(t_1+t_2)$,即 $a_1+a_2\equiv b_1+b_2(\bmod\ m)$.

推论 设 m 为正整数,a,b,c 为整数,若 $a+b\equiv c(\bmod\ m)$,则 $a\equiv c-b(\bmod\ m)$.

证明:注意到 $-b\equiv -b(\bmod\ m)$ 与 $a+b\equiv c(\bmod\ m)$. 由性质(4)立得.

(5) 设 m 为正整数,a_1,b_1,a_2,b_2 为整数,若 $a_1\equiv b_1(\bmod\ m)$,$a_2\equiv b_2(\bmod\ m)$,则 $a_1a_2\equiv b_1b_2(\bmod\ m)$.

证明:由定理 2.1.1 知,$a_1=b_1+mt_1$,$a_2=b_2+mt_2$(t_1,t_2 为整数). 因此,$a_1a_2=b_1b_2+m(b_1t_2+b_2t_1+mt_1t_2)$,即 $a_1a_2\equiv b_1b_2(\bmod\ m)$.

推论 设 m 为正整数,a,b 为整数,k 为任意整数,若 $a\equiv b(\bmod\ m)$,则 $ak\equiv bk(\bmod\ m)$.

证明:注意到 $k\equiv k(\bmod\ m)$ 与 $a\equiv b(\bmod\ m)$,由性质(5)立得.

(6) 设 $f(x)=a_nx^n+a_{n-1}x^{n-1}+\cdots+a_0$,$g(y)=b_ny^n+b_{n-1}y^{n-1}+\cdots+b_0$ 是两个整系数多项式,且 $a_i\equiv b_i(\bmod\ m)$,$0\leqslant i\leqslant n$,若 $x\equiv y(\bmod\ m)$,则 $f(x)\equiv g(y)(\bmod\ m)$.

证明:由 $x\equiv y(\bmod\ m)$,反复使用性质(5)可得 $x^j\equiv y^j(\bmod\ m)$,$1\leqslant j\leqslant n$. 又由 $a_i\equiv b_i(\bmod\ m)$,$0\leqslant i\leqslant n$ 及性质(5)可知,$a_0\equiv b_0(\bmod\ m)$,$a_ix^i\equiv b_iy^i(\bmod\ m)$,$1\leqslant i\leqslant n$. 再由性质(4)可知:

$$(a_nx^n+a_{n-1}x^{n-1}+\cdots+a_1x+a_0)\equiv(b_ny^n+b_{n-1}y^{n-1}+\cdots+b_1y+b_0)(\bmod\ m).$$

一般地,对整系数多元多项式来说,我们有

定理 2.1.2 设 $f(x_1,x_2,\cdots,x_n)=\sum a_{i_1i_2\cdots i_n}x_1^{i_1}x_2^{i_2}\cdots x_n^{i_n}$,$g(y_1,y_2,\cdots,y_n)=\sum b_{i_1i_2\cdots i_n}y_1^{i_1}y_2^{i_2}\cdots y_n^{i_n}$ 为两个 n 元整系数多项式,若 $a_{i_1i_2\cdots i_n}\equiv b_{i_1i_2\cdots i_n}(\bmod\ m)$,$x_i\equiv y_i(\bmod\ m)$,$1\leqslant i\leqslant n$,则 $f(x_1,x_2,\cdots,x_n)\equiv g(y_1,y_2,\cdots,y_n)(\bmod\ m)$.

证明:仿照性质(6)的证明立得.

(7) 设 m 为正整数，a, b 为整数，若 $a = a_1 d$, $b = b_1 d$, $(m, d) = 1$, $a \equiv b \pmod{m}$, 则 $a_1 \equiv b_1 \pmod{m}$.

证明：由定理 2.1.1 知，$m \mid (a-b)$，即 $m \mid d(a_1 - b_1)$. 但 $(m, d) = 1$，所以 $m \mid (a_1 - b_1)$，即 $a_1 \equiv b_1 \pmod{m}$.

注：以上所得到的同余性质都是与相等性质类似的，但不能据此就认定同余与相等差不多。以下我们还要进一步讨论一些同余性质，它们与相等的性质是完全不相同的.

(8) 设 m 为正整数，a, b 为整数，若 $a \equiv b \pmod{m}$，k 为大于零的整数，则 $ak \equiv bk \pmod{mk}$；若 $a \equiv b \pmod{m}$，d 为 a, b 及 m 的任一正公约数，则 $\dfrac{a}{d} \equiv \dfrac{b}{d} \pmod{\dfrac{m}{d}}$.

证明：因 k 为大于零的整数，m 为正整数，所以 mk 为正整数. 由 $a \equiv b \pmod{m}$ 知：$m \mid (a-b)$，即 $a - b = mt$，因而 $(a-b)k = mkt$. 所以 $ak \equiv bk \pmod{mk}$.

因 d 为 a, b 及 m 的任一正公约数，m 为正整数，a, b 为整数，所以，$\dfrac{m}{d}$ 为正整数，$\dfrac{a}{d}$，$\dfrac{b}{d}$ 为整数. 由 $a \equiv b \pmod{m}$ 知，$(a-b) = mt$. 所以 $\dfrac{a-b}{d} = \dfrac{a}{d} - \dfrac{b}{d} = \dfrac{m}{d} \cdot t$，即 $\dfrac{a}{d} \equiv \dfrac{b}{d} \pmod{\dfrac{m}{d}}$.

(9) 设 m_i ($0 \leqslant i \leqslant n$) 为正整数，若 $a \equiv b \pmod{m_i}$，则 $a \equiv b \pmod{[m_1, m_2, \cdots, m_k]}$.

证明：由最小公倍数性质立得.

(10) 设 m 为正整数，d 为大于零的整数，$d \mid m$，若 $a \equiv b \pmod{m}$，则 $a \equiv b \pmod{d}$.

证明：显然.

(11) 设 m 为正整数，若 $a \equiv b \pmod{m}$，则 $(a, m) = (b, m)$.

证明：由 $a = b + mt$ 立得.

以上所讲的每一个性质都是很简单的，但是都非常重要. 读者应该特别注意，以求能够熟练掌握，灵活运用.

例 1 证明：任一个整数 a 恰与 $0, 1, 2, \cdots, m-1$ 中的某一个数对模 m 同余，其中 m 为正整数.

证明：由带余除法知：$a = mq_1 + r$，$0 \leqslant r \leqslant m-1$，即 $a - r = mq_1$，所以 $a \equiv r \pmod{m}$.

例 2 证明：$641 \mid (2^{2^5} + 1)$.

证明：（方法一）

因为 $2^9 \equiv -129 \pmod{641}$，$2^{11} \equiv -516 \equiv 125 \pmod{641}$，$2^{13} \equiv 500 \equiv -141 \pmod{641}$，$2^{15} \equiv -564 \equiv 77 \pmod{641}$，$2^{18} \equiv 616 \equiv -25 \pmod{641}$，$2^{22} \equiv -400 \equiv 241 \pmod{641}$，$2^{23} \equiv 482 \equiv -159 \pmod{641}$，$2^{25} \equiv -636 \equiv 5 \pmod{641}$，$2^{32} \equiv 640 \equiv -1 \pmod{641}$，所以，$2^{32} + 1 \equiv 0 \pmod{641}$，即 $641 \mid (2^{2^5} + 1)$.

（方法二）

因为 $640 = 2^7 \cdot 5$，进而 $641 = 2^7 \cdot 5 + 1$，所以，$5^4 \cdot (2^{2^5} + 1) = 5^4 \cdot (2^{32} + 1) = (2^7 \cdot 5)^4 \cdot 2^4 + 5^4 \equiv (-1)^4 \cdot 2^4 + 5^4 \pmod{641}$，即 $5^4 \cdot (2^{2^5} + 1) \equiv 0 \pmod{641}$. 从而有 $641 \mid 5^4 \cdot (2^{2^5} + 1)$，但 $(641, 5) = 1$，所以 $641 \mid (2^{2^5} + 1)$.

例 3 设 a 为整数，则 a 能被 3 或 9 整除的充分必要条件是它的十进位数码的和能被 3 或 9 整除.

证明：显然我们只须讨论任一正整数 a 就够了. 按照通常的方法，把 a 写成十进位数的形式，即
$a = a_n 10^n + a_{n-1} 10^{n-1} + \cdots + a_0$ ($0 \leqslant a_i < 10$，$a_n \neq 0$，$i = 0, 1, \cdots, n$).

因 $10 \equiv 1 \pmod{3}$，所以有
$$a \equiv (a_n + a_{n-1} + \cdots + a_0) \pmod{3}.$$

故 $3 \mid a$ 的充要条件是 $3 \left| \sum_{i=1}^{n} a_i \right.$. 同理可得 $9 \mid a$ 的充要条件是 $9 \left| \sum_{i=1}^{n} a_i \right.$.

在结束本节之前，我们再谈一谈"弃九法". 正如我们在例 3

中所看到的一样,"弃九法"也是同余性质在算术里的一个应用,它是一种验算整数计算结果的方法,我们以乘法为例来说明这种方法的理论依据. 显然,我们只需讨论两个正整数的乘积.

设 a,b 为两个正整数,p 为它们的乘积,即 $p=ab$. 令

$$a=a_n 10^n + a_{n-1} 10^{n-1} + \cdots + a_0, \quad 0 \leqslant a_i \leqslant 9, \ a_n \neq 0, \ 0 \leqslant i \leqslant n;$$
$$b=b_m 10^m + b_{m-1} 10^{m-1} + \cdots + b_0, \quad 0 \leqslant b_j \leqslant 9, \ b_m \neq 0, \ 0 \leqslant j \leqslant m;$$
$$p=c_s 10^s + c_{s-1} 10^{s-1} + \cdots + c_0, \quad 0 \leqslant c_k \leqslant 9, \ c_s \neq 0, \ 0 \leqslant k \leqslant s.$$

由例 3 知

$$a \equiv (a_n + a_{n-1} + \cdots + a_0) \pmod{9},$$
$$b \equiv (b_m + b_{m-1} + \cdots + b_0) \pmod{9},$$
$$p \equiv (c_s + c_{s-1} + \cdots + c_0) \pmod{9},$$

因此

$$(a_n + a_{n-1} + \cdots + a_0)(b_m + b_{m-1} + \cdots + b_0) \equiv c_s + c_{s-1} + \cdots + c_0 \pmod{9}.$$

如果上式左右两边对模 9 不同余,则求得的乘积就是错的.

例 4 验算下面算式是否正确:

$$28\,947 \times 34\,578 = 1\,001\,865\,676.$$

解:由于

$$28\,947 \equiv 2+8+9+4+7 \equiv 3 \pmod{9},$$
$$34\,578 \equiv 3+4+5+7+8 \equiv 0 \pmod{9},$$
$$1\,001\,865\,676 \equiv 1+0+0+1+8+6+5+6+7+6 \equiv 4 \pmod{9},$$

但 $3 \times 0 = 0$,$0 \not\equiv 4 \pmod{9}$,所以,上面算式不正确.

利用与上述方法相同的道理,同样可以得出验算和、差的正确性的方法. 弃九法的优点是验算比较方便,但是应该特别注意的是:当使用弃九法时,得出的结果如果是 $ab \equiv p \pmod{9}$,也不能肯定计算一定是正确的,如

$$28\,997 \times 39\,459 = 1\,144\,192\,623.$$

如果有人计算出的结果是 $1\,144\,192\,533$,那么用弃九法就发现不

了错误，这就是弃九法的缺点．

习 题 2.1

1. 计算 m 取何值时，下列各式成立：
(1) $32 \equiv 11 \pmod{m}$；　　(2) $1\,001 \equiv 1 \pmod{m}$；
(3) $480 \equiv 26 \pmod{m}$；　　(4) $2^8 \equiv 1 \pmod{m}$．

2. 计算 m 取何值时，下列两式同时成立：
(1) $32 \equiv 11 \pmod{m}$；　　(2) $1\,000 \equiv -1 \pmod{m}$．

一般地，若 $a \equiv b \pmod{m}$，$c \equiv d \pmod{m}$ 同时成立，则 m 要满足什么条件？

3. 举例说明：
(1) 由 $a^2 \equiv b^2 \pmod{m}$，不能推出 $a \equiv b \pmod{m}$；
(2) 由 $a \equiv b \pmod{m}$，不能推出 $a^2 \equiv b^2 \pmod{m}$．

4. 证明，对一切整数 x，都有
$(15x^5 + 24x^4 + 32x^3 - 16x^2 + 3x - 13) \equiv (7x^5 + 3x + 3) \pmod{8}$．

5. 证明：$70! \equiv 61! \pmod{71}$．

6. 设 m 为正整数，a，b，c，d 为整数，若 $a \equiv b \pmod{m}$ 与 $c \equiv d \pmod{m}$ 同时成立，证明：
$$a - c \equiv b - d \pmod{m}.$$

7. (1) 求 3^{100} 模 10 的余数；
(2) 求 3^{50} 的十进制数表示中最末两位数．

8. 求使 $2^n + 1$ 能被 5 整除的一切正整数 n．

9. 设 m 为正整数，a 为整数，若 $a^2 \equiv a \pmod{m}$，证明 $a^n \equiv a \pmod{m}$，其中 n 为大于 1 的整数．

10. 设 p 为质数，a 为整数，且 $a^2 \equiv b^2 \pmod{p}$，证明：$a \equiv b \pmod{p}$ 或 $a \equiv (-b) \pmod{p}$．

11. 用弃九法验算下列算式是否有错:
(1) $1524+3456=4880$;
(2) $3596-2346=1340$;
(3) $4328\times 3294=14246432$;
(4) $226380\div 165=1432$.

12. 在算式 $3145\times 2653=8\square 43685$ 中,遗漏了一个数字,如果其他数字都是正确的,求遗漏的数字.

§2.2 剩余类与剩余系

由于有了同余的概念,一个很自然的想法就是:如果将模 m 的余数相同的所有整数放在一起作成一个集合,能够得到怎样的结果呢? 也就是说,这样的集合有多少个,它们之间的关系如何? 为此,我们有下述定理.

定理 2.2.1 设 m 为正整数,则全部整数可分成 m 个集合,记作 $[0],[1],\cdots,[m-1]$,其中 $[r](0\leqslant r\leqslant m-1)$ 是由一切形如 $qm+r(q\in \mathbf{Z})$ 的整数所组成的,并且具有下列性质:

(1) 每一整数必包含在而且仅在上述的一个集合里面;

(2) 两个整数同在一个集合中的充分必要条件为这两个整数对模 m 同余.

证明:(1) 设 a 为任意整数,由带余除法知:
$$a=a_1 m+r_a,\ 0\leqslant r_a\leqslant m-1.$$
所以,a 在 $[r_a]$ 内,且只能在 $[r_a]$ 内.

(2) 设 a,b 为两个整数,且都在 $[r]$ 内.
则
$$a=a_1 m+r,\ b=b_1 m+r,$$
所以,$a\equiv b(\bmod m)$. 反之,若 $a\equiv b(\bmod m)$,则由同余的定义

第二章 同余

知，a,b 同在某一 $[r]$ 内.

由定理 2.2.1 知：任一整数必然属于某一 $[r]$，且只属于某一 $[r]$. 由集合的分类我们知道，整数集合 $\mathbf{Z}$ 恰好为这些 $[r]$ 的并集，即 $\mathbf{Z}=\bigcup\limits_{r=0}^{m-1}[r]$，且 $[r_i]\bigcap[r_j]=\phi(r_i\neq r_j,\ 0\leqslant r_i\leqslant m-1,\ 0\leqslant r_j\leqslant m-1)$.

定义 2.2 设 m 为正整数，则全部整数分成的 m 个集合 $[0]$，$[1]$，$\cdots$，$[m-1]$ 称为模 m 的剩余类. 一个剩余类中任一数叫做它的同类的数的剩余。

定理 2.2.2 若 m 为正整数，则

(1) 在任意取定的 $(m+1)$ 个整数中，至少必有两个数对模 m 同余；

(2) 存在 m 个整数对模 m 两两不同余.

证明：(1) 由于对模 m 来说，共有 m 个剩余类，所以由抽屉原理，这 $(m+1)$ 个整数中至少必有两个整数属于模 m 的同一剩余类，这两个整数就对模 m 同余.

(2) 从模 m 的每个剩余类中各取一数作成一个由 m 个整数组成的集合，这 m 个整数对模 m 两两不同余.

定义 2.3 设 m 为正整数，则从模 m 的每个剩余类中各取一数作成的集合称为模 m 的一个完全剩余系.

由模 m 的完全剩余系的定义易知：模 m 有无数个完全剩余系，特别地，我们把 $\{0,1,2,\cdots,m-1\}$ 称为模 m 的非负最小完全剩余系.

当 m 为奇数时，把 $\left\{-\dfrac{m-1}{2},\cdots,-1,0,1,\cdots,\dfrac{m-1}{2}\right\}$ 称为模 m 的绝对最小完全剩余系.

当 m 为偶数时，把 $\left\{-\dfrac{m}{2}+1,\cdots,-1,0,1,\cdots,\dfrac{m}{2}-1,\dfrac{m}{2}\right\}$ 或 $\left\{-\dfrac{m}{2},-\dfrac{m}{2}+1,\cdots,-1,0,1,\cdots,\dfrac{m}{2}-1\right\}$ 称为模 m 的绝对

最小完全剩余系.

由定理 2.2.1 与模 m 的完全剩余系的定义，我们有

定理 2.2.3 设 m 为正整数，则整数集合 $\{a_1, a_2, \cdots, a_m\}$ 作成模 m 的一个完全剩余系的充分必要条件为：$a_1, a_2, \cdots, a_m$ 对模 m 两两不同余.

证明：（充分性）由于 $a_1, a_2, \cdots, a_m$ 对模 m 两两不同余，所以它们应分别属于模 m 的 m 个不同的剩余类，因而整数集合 $\{a_1, a_2, \cdots, a_m\}$ 作成模 m 的一个完全剩余系.

（必要性）由于整数集合 $\{a_1, a_2, \cdots, a_m\}$ 为模 m 的一个完全剩余系，所以由模 m 的完全剩余系的定义知：$a_1, a_2, \cdots, a_m$ 分别属于模 m 的 m 个不同的剩余类. 因此，$a_i \not\equiv a_j \pmod{m} (i \neq j, 1 \leqslant i \leqslant m, 1 \leqslant j \leqslant m)$. 即 $a_1, a_2, \cdots, a_m$ 对模 m 两两不同余.

例 1 验证整数集合 $\{-11, -4, 18, 20, 32\}$ 为模 5 的一个完全剩余系.

证明：由于

$-11 \equiv 4 \pmod 5$，$-4 \equiv 1 \pmod 5$，$18 \equiv 3 \pmod 5$，

$20 \equiv 0 \pmod 5$，$32 \equiv 2 \pmod 5$，

即这 5 个整数对模 5 两两不同余，所以，整数集合 $\{-11, -4, 18, 20, 32\}$ 为模 5 的一个完全剩余系.

定理 2.2.4 设 m 为正整数，a 为整数，$(a, m) = 1$，b 为任意整数，若整数集合 $\{a_1, a_2, \cdots, a_m\}$ 为模 m 的一个完全剩余系，则整数集合 $\{aa_1 + b, aa_2 + b, \cdots, aa_m + b\}$ 也为模 m 的一个完全剩余系.

证明：由定理 2.2.3，只要证明 $aa_1 + b, aa_2 + b, \cdots, aa_m + b$ 对模 m 两两不同余就够了. 我们用反证法来证明这一点.

假设 $(aa_i + b) \equiv (aa_j + b) \pmod{m} (i \neq j, 1 \leqslant i \leqslant m, 1 \leqslant j \leqslant m)$. 则由同余性质(4)知：$aa_i \equiv aa_j \pmod{m}$. 又因为 $(a, m) = 1$，所以由同余性质(7)知：$a_i \equiv a_j \pmod{m}$. 这与整数集合 $\{a_1, a_2, \cdots,$

a_m}为模 m 的一个完全剩余系矛盾，结论成立.

定理2.2.5 设 m_1，m_2 为两个正整数，且 $(m_1, m_2)=1$，整数集合 $\{a_1, a_2, \cdots, a_{m_1}\}$ 与整数集合 $\{b_1, b_2, \cdots, b_{m_2}\}$ 分别为模 m_1 与 m_2 的完全剩余系，则整数集合 $A=\{m_2a_1+m_1b_1, \cdots, m_2a_1+m_1b_{m_2}, m_2a_2+m_1b_1, \cdots, m_2a_2+m_1b_{m_2}, \cdots, m_2a_{m_1}+m_1b_1, \cdots, m_2a_{m_1}+m_1b_{m_2}\}$ 为模 m_1m_2 的一个完全剩余系.

证明：显然，整数集合 A 中有 m_1m_2 个整数，因此，由定理2.2.3，只要证明这 m_1m_2 个整数对模 m_1m_2 两两不同余就够了.

假设 $(m_2x_1+m_1x_2)\equiv(m_2x_1'+m_1x_2') \pmod{m_1m_2}$，其中 x_1，$x_1' \in \{a_1, a_2, \cdots, a_{m_1}\}$，$x_2, x_2' \in \{b_1, b_2, \cdots, b_{m_2}\}$，则由同余性质（10）知：

$$m_2x_1 \equiv m_2x_1' \pmod{m_1},$$
$$m_1x_2 \equiv m_1x_2' \pmod{m_2}.$$

由于 $(m_1, m_2)=1$，所以由同余性质（7）知：

$$x_1 \equiv x_1' \pmod{m_1},$$
$$x_2 \equiv x_2' \pmod{m_2}.$$

所以 $x_1=x_1'$，$x_2=x_2'$，即 $m_2x_1+m_1x_2=m_2x_1'+m_1x_2'$. 因此，整数集合 A 中的整数对模 m_1m_2 两两不同余，即整数集合 A 为模 m_1m_2 的一个完全剩余系.

为了在下一节能够证明数论上两个著名的定理，即欧拉定理和费马小定理，以下，我们来进一步讨论模 m 的完全剩余系中与模 m 互质的那些整数的性质. 这要用到数论上一个很重要的函数——欧拉函数.

定义2.4 设 m 为正整数，用 $\varphi(m)$ 表示不大于 m 且与 m 互质的正整数的个数. 称 $\varphi(m)$ 为欧拉函数.

显然，由定义有 $\varphi(1)=1$，当 $m>1$ 时，不大于 m 且与 m 互质的正整数都在 $1, 2, \cdots, m-1$ 之中，即 $1 \leqslant \varphi(m) \leqslant m-1$. m 为质数当且仅当 $\varphi(m)=m-1$.

定义 2.5 设 m 为正整数，若一个模 m 的剩余类里面的数与 m 互质，则称这个模 m 的剩余类为与模 m 互质的剩余类. 在与模 m 互质的所有剩余类中，从每一类各取一数所作成的集合叫做模 m 的一个简化剩余系.

定理 2.2.6 设 m 为正整数，则模 m 的一个剩余类是与模 m 互质的剩余类的充分必要条件为：这个模 m 的剩余类中有一数与 m 互质.

证明：设 $[0]$，$[1]$，$\cdots$，$[m-1]$ 是模 m 的全部剩余类，若 $[r]$ 是一个与模 m 互质的剩余类，则 $(r, m) = 1$. 反之，若存在 $x \in [r]$，使得 $(x, m) = 1$，则 $x \equiv r \pmod{m}$，即 $x = mt + r$，所以 $(r, m) = 1$. 又因为对任意 $a \in [r]$，有 $a \equiv r \pmod{m}$，即 $a = mq + r$，所以 $(a, m) = 1$，即 $[r]$ 是一个与模 m 互质的剩余类.

定理 2.2.7 设 m 为正整数，则整数集合 $\{a_1, a_2, \cdots, a_{\varphi(m)}\}$ 为模 m 的一个简化剩余系的充分必要条件为

$$(a_i, m) = 1 (1 \leqslant i \leqslant \varphi(m)) \text{ 且 } a_1, a_2, \cdots, a_{\varphi(m)} \text{ 对模 } m \text{ 两两不同余.}$$

证明：若整数集合 $\{a_1, a_2, \cdots, a_{\varphi(m)}\}$ 为模 m 的一个简化剩余系，则 $a_1, a_2, \cdots, a_{\varphi(m)}$ 分别属于与模 m 互质的 $\varphi(m)$ 个不同的剩余类，所以，$(a_i, m) = 1$，$1 \leqslant i \leqslant \varphi(m)$，且 $a_1, a_2, \cdots, a_{\varphi(m)}$ 对模 m 两两不同余.

反之，由 $(a_i, m) = 1$，$1 \leqslant i \leqslant \varphi(m)$ 知：a_i 属于与模 m 互质的那些剩余类. 又由 $a_1, a_2, \cdots, a_{\varphi(m)}$ 对模 m 两两不同余知：a_1，$a_2, \cdots, a_{\varphi(m)}$ 分别属于与模 m 互质的 $\varphi(m)$ 个不同的剩余类，所以，整数集合 $\{a_1, a_2, \cdots, a_{\varphi(m)}\}$ 为模 m 的一个简化剩余系.

注：由欧拉函数的定义及定理 2.2.6、定理 2.2.7 可以看出，与模 m 互质的剩余类的个数恰好为欧拉函数 $\varphi(m)$，模 m 的每一简化剩余系是由与模 m 互质的 $\varphi(m)$ 个对模 m 两两不同余的整数作成的一个集合，并且模 m 的任一完全剩余系都包含着模 m 的一个简

化剩余系,而模 m 的任一简化剩余系又都可扩充成模 m 的一个完全剩余系.

例如,在模 6 的非负最小完全剩余系 $\{0,1,2,3,4,5\}$ 中,只有 1,5 与 6 互质,所以 $\{1,5\}$ 为模 6 的一个简化剩余系,而 $\varphi(6)=2$. 又如,$\{7,15,23,31,39,47,55\}$ 为模 7 的一个完全剩余系,其中只有 7 与模 7 不互质,所以 $\{15,23,31,39,47,55\}$ 为模 7 的一个简化剩余系,而 $\varphi(7)=6$. 再如,整数集合 $\{1,3\}$ 为模 4 的一个简化剩余系,而 $\{1,3,6,8\}$ 为模 4 的一个完全剩余系.

定理 2.2.8 设 m 为正整数,a 为整数,$(a,m)=1$. 整数集合 $\{a_1,a_2,\cdots,a_{\varphi(m)}\}$ 为模 m 的一个简化剩余系,则整数集合 $\{aa_1,aa_2,\cdots,aa_{\varphi(m)}\}$ 为模 m 的一个简化剩余系.

证明:由于整数集合 $\{a_1,a_2,\cdots,a_{\varphi(m)}\}$ 为模 m 的一个简化剩余系,所以 $(a_i,m)=1$,$1\leqslant i\leqslant \varphi(m)$,且 $a_1,a_2,\cdots,a_{\varphi(m)}$ 对模 m 两两不同余. 又由 $(a,m)=1$ 知:$(aa_i,m)=1$,$1\leqslant i\leqslant \varphi(m)$. 若 $aa_i\equiv aa_j(\bmod m)$,则由同余性质 7 知:$a_i\equiv a_j(\bmod m)$,矛盾,所以 $aa_1,aa_2,\cdots,aa_{\varphi(m)}$ 对模 m 两两不同余,因而整数集合 $\{aa_1,aa_2,\cdots,aa_{\varphi(m)}\}$ 为模 m 的一个简化剩余系.

定理 2.2.9 设 m_1,m_2 为两个互质的正整数,整数集合 $\{a_1,a_2,\cdots,a_{\varphi(m_1)}\}$ 与整数集合 $\{b_1,b_2,\cdots,b_{\varphi(m_2)}\}$ 分别为模 m_1 与模 m_2 的简化剩余系,则整数集合 $\overline{A}=\{m_2a_1+m_1b_1,m_2a_1+m_1b_2,\cdots,m_2a_1+m_1b_{\varphi(m_2)},m_2a_2+m_1b_1,m_2a_2+m_1b_2,\cdots,m_2a_2+m_1b_{\varphi(m_2)},\cdots,m_2a_{\varphi(m_1)}+m_1b_1,m_2a_{\varphi(m_1)}+m_1b_2,\cdots,m_2a_{\varphi(m_1)}+m_1b_{\varphi(m_2)}\}$ 为模 m_1m_2 的一个简化剩余系.

证明:由前面的讨论我们知道:模 m 的一个简化剩余系是由模 m 的一个完全剩余系中一切与模 m 互质的整数作成的. 因此,我们利用整数集合 $\overline{A}$ 来作一个模 m 的完全剩余系,并由此证明整数集合 $\overline{A}$ 就是模 m 的一个简化剩余系.

由于整数集合 $\{a_1, a_2, \cdots, a_{\varphi(m_1)}\}$ 与整数集合 $\{b_1, b_2, \cdots, b_{\varphi(m_2)}\}$ 分别为模 m_1 与模 m_2 的简化剩余系，因此可分别将它们扩充为模 m_1 与模 m_2 的一个完全剩余系，可分别设为整数集合 $\{a_1, a_2, \cdots, a_{\varphi(m_1)}, a_{\varphi(m_1)+1}, \cdots, a_{m_1}\}$ 与整数集合 $\{b_1, b_2, \cdots, b_{\varphi(m_2)}, b_{\varphi(m_2)+1}, \cdots, b_{m_2}\}$. 由定理 2.2.5 知：整数集合 $A = \{m_2 a_1 + m_1 b_1, \cdots, m_2 a_1 + m_1 b_{m_2}, \cdots, m_2 a_{m_1} + m_1 b_1, \cdots, m_2 a_{m_2} + m_1 b_{m_1}\}$ 为模 $m_1 m_2$ 的一个完全剩余系. 显然有 $\overline{A} \subset A$. 以下，我们来证明 $\overline{A}$ 就是从 A 中选出的模 $m_1 m_2$ 的一个简化剩余系.

先证每个 $m_2 a_i + m_1 b_j$, $1 \leqslant i \leqslant \varphi(m_1)$, $1 \leqslant j \leqslant \varphi(m_2)$ 都与模 $m_1 m_2$ 互质. 由于 $(a_i, m_1) = 1$, $(b_j, m_2) = 1$, 又 $(m_1, m_2) = 1$, 从而 $(m_2 a_i + m_1 b_j, m_1) = (m_2 a_i, m_1) = (a_i, m_1) = 1$. 同理可知 $(m_2 a_i + m_1 b_j, m_2) = 1$. 于是 $(m_2 a_i + m_1 b_j, m_1 m_2) = 1$, $1 \leqslant i \leqslant \varphi(m_1)$, $1 \leqslant j \leqslant \varphi(m_2)$.

再证整数集合 $\overline{A}$ 中的元素对模 $m_1 m_2$ 两两不同余. 如果 $m_2 a_i + m_1 b_j \equiv m_2 a_{i'} + m_1 b_{j'} \pmod{m_1 m_2}$, $1 \leqslant i \leqslant \varphi(m_1)$, $1 \leqslant i' \leqslant \varphi(m_1)$, $1 \leqslant j \leqslant \varphi(m_2)$, $1 \leqslant j' \leqslant \varphi(m_2)$, 则由同余性质（10）知

$$m_2 a_i \equiv m_2 a_{i'} \pmod{m_1},$$
$$m_1 b_j \equiv m_1 b_{j'} \pmod{m_2}.$$

又由 $(m_1, m_2) = 1$ 及同余性质（7）知

$$a_i \equiv a_{i'} \pmod{m_1},$$
$$b_j \equiv b_{j'} \pmod{m_2}.$$

所以 $a_i = a_{i'}$, $b_j = b_{j'}$, 即 $m_2 a_i + m_1 b_j = m_2 a_{i'} + m_1 b_{j'}$.

最后，我们来证明整数集合 A 中的所有与模 $m_1 m_2$ 互质的整数都属于 $\overline{A}$.

设 $m_2 a_i + m_1 b_j$ 为整数集合 A 中任意一个与模 $m_1 m_2$ 互质的整数，$1 \leqslant i \leqslant m_1$, $1 \leqslant j \leqslant m_2$, 则由 $(m_1, m_2) = 1$ 及同余性质（7）与同余性质（10）知

$$1=(m_2a_i+m_1b_j,\ m_1m_2)=(m_2a_i,\ m_1)=(a_i,\ m_1),$$
$$1=(m_2a_i+m_1b_j,\ m_1m_2)=(m_1b_j,\ m_2)=(b_j,\ m_2).$$

即 $a_i\in\{a_1,\ a_2,\ \cdots,\ a_{\varphi(m_1)}\}$, $b_j\in\{b_1,\ b_2,\ \cdots,\ b_{\varphi(m_2)}\}$, 从而有 $m_2a_i+m_1b_j\in\overline{A}$.

由定理 2.2.9 立刻可得如下重要的结论.

推论 设 m_1, m_2 为两个互质的正整数, 则
$$\varphi(m_1m_2)=\varphi(m_1)\varphi(m_2).$$

证明: 显然, 由定理 2.2.9 的证明知: 整数集合 $\overline{A}$ 中共有 $\varphi(m_1)\varphi(m_2)$ 个元素. 又整数集合 $\overline{A}$ 为模 m_1m_2 的一个简化剩余系, 所以 $\overline{A}$ 中只能有 $\varphi(m_1m_2)$ 个元素. 因此,
$$\varphi(m_1m_2)=\varphi(m_1)\varphi(m_2).$$

定理 2.2.10 若 m 为正整数, 其标准分解式为
$$m=p_1^{\alpha_1}p_2^{\alpha_2}\cdots p_k^{\alpha_k},$$
则
$$\varphi(m)=m\left(1-\frac{1}{p_1}\right)\left(1-\frac{1}{p_2}\right)\cdots\left(1-\frac{1}{p_k}\right).$$

证明: 由定理 2.2.9 的推论立得
$$\varphi(m)=\varphi(p_1^{\alpha_1})\varphi(p_2^{\alpha_2})\cdots\varphi(p_k^{\alpha_k}).$$
因此, 我们只需求出 $\varphi(p^\alpha)$ 即可, 其中 p 为质数.

由于 p 为质数, 所以不与 p 互质的数都是 p 的倍数, 不大于 p^α 的正整数共有 p^α 个, 其中只有下面这些数是 p 的倍数:
$$p,\ 2p,\ 3p,\ \cdots,\ p^{\alpha-1},\ p^\alpha.$$
这些数共有 $p^{\alpha-1}$ 个, 其余的数都与 p 互质. 所以由欧拉函数的定义知
$$\varphi(p^\alpha)=p^\alpha-p^{\alpha-1}=p^\alpha\left(1-\frac{1}{p}\right),$$
所以,
$$\varphi(m)=p_1^{\alpha_1}\left(1-\frac{1}{p_1}\right)p_2^{\alpha_2}\left(1-\frac{1}{p_2}\right)\cdots p_k^{\alpha_k}\left(1-\frac{1}{p_k}\right)$$

$$= m\left(1-\frac{1}{p_1}\right)\left(1-\frac{1}{p_2}\right)\cdots\left(1-\frac{1}{p_k}\right).$$

习 题 2.2

1. 验证下列各组整数是否为模8的完全剩余系：
(1) {1, 3, 5, 7, 9, 11, 13, 15}；
(2) {2, 4, 6, 8, 10, 17, 21, 23}；
(3) {−7, −9, −12, −17, −22, −27, −32}；
(4) {−2, 2, −3, 3, 5, 6, 7, 8}.

2. 验证下列各组整数是否为模7的简化剩余系：
(1) {8, 16, 24, 32, 40, 48}；
(2) {2, 4, 6, −2, −4, −6}；
(3) {1, 3, 5, 9, 11, 12, 13}；
(4) {2, 22, 42, 62, 82}.

3. (1) 求模9的一个完全剩余系，使其中每个数都是奇数；
(2) 求模9的一个完全剩余系，使其中每个数都是偶数；
(3) 对于模10来说，能实现(1)(2)的要求吗？
(4) 请找出规律，并证明之.

4. 将上题中的完全剩余系改成简化剩余系，情况如何呢？

5. 设 m 为正整数，整数集合 $\{x_1, x_2, \cdots, x_m\}$ 为模 m 的一个完全剩余系，则
(1) 当 m 为奇数时，
$$(x_1+x_2+\cdots+x_m) \equiv 0 \pmod{m};$$
(2) 当 m 为偶数时，
$$(x_1+x_2+\cdots+x_m) \equiv \frac{m}{2} \pmod{m}.$$

6. 设 m 为大于2的整数，证明：$\{0^2, 1^2, 2^2, \cdots, (m-1)^2\}$

一定不是模 m 的一个完全剩余系.

7. 设 m, s, t 为正整数, 且 $s>t$, 证明: 整数集合 $\{x \mid x=u+m^{s-t}v,\ 0\leqslant u\leqslant m^{s-t}-1,\ 0\leqslant v\leqslant m^t-1\}$ 为模 m^s 的一个完全剩余系.

8. 当 m 取下列各值时, 求 $\varphi(m)$:
 (1) 1 236; (2) 1 218; (3) 2 001; (4) 4 200.

9. 设 m 为大于 2 的整数, 证明 $\varphi(m)$ 为偶数.

10. 设 m 为大于 1 的整数, a 为整数, 且 $(a,m)=1$, 整数集合 $\{\xi_1, \xi_2, \cdots, \xi_{\varphi(m)}\}$ 为模 m 的一个简化剩余系, 证明:
$$\sum_{i=1}^{\varphi(m)} \left\{\frac{a\xi_i}{m}\right\} = \frac{1}{2}\varphi(m).$$

11. 请分别求出模 5 与模 7 的一个完全剩余系(简化剩余系), 并由它们得出模 35 的一个完全剩余系(简化剩余系).

§2.3 欧 拉 定 理

正如在上一节谈到模 m 的简化剩余系时所声明的那样, 本节的目的就是要应用模 m 的简化剩余系的性质来证明数论中两个著名的定理——欧拉定理和费马小定理.

定理 2.3.1 (欧拉定理) 若 m 为大于 1 的整数, a 为整数且 $(a,m)=1$, 则
$$a^{\varphi(m)} \equiv 1 \pmod{m}.$$

证明: 由于 m 为大于 1 的整数, 所以设整数集合 $\{a_1, a_2, \cdots, a_{\varphi(m)}\}$ 为模 m 的一个简化剩余系. 因为 $(a,m)=1$, 所以由定理 2.2.8 知: 整数集合 $\{aa_1, aa_2, \cdots, aa_{\varphi(m)}\}$ 为模 m 的一个简化剩余系. 因此
$$(aa_1)(aa_2)\cdots(aa_{\varphi(m)}) \equiv a_1 a_2 \cdots a_{\varphi(m)} \pmod{m},$$

即
$$a^{\varphi(m)}(a_1 a_2 \cdots a_{\varphi(m)}) \equiv a_1 a_2 \cdots a_{\varphi(m)} \pmod{m}.$$

又由整数集合 $\{a_1, a_2, \cdots, a_{\varphi(m)}\}$ 为模 m 的一个简化剩余系知：$(a_i, m) = 1$, $1 \leqslant i \leqslant \varphi(m)$, 所以
$$(a_1 a_2 \cdots a_{\varphi(m)}, m) = 1.$$

因而由同余性质(7)知
$$a^{\varphi(m)} \equiv 1 \pmod{m}.$$

定理 2.3.2 （费马小定理）设 p 为质数，a 为任意整数，则
$$a^p \equiv a \pmod{p}.$$

证明：由于 p 为质数，所以 p 为大于 1 的整数，且 $\varphi(p) = p - 1$. 若 $(a, p) = 1$, 则由欧拉定理知
$$a^{\varphi(p)} \equiv 1 \pmod{p},$$

即
$$a^{p-1} \equiv 1 \pmod{p}.$$

再由同余性质(5)知
$$a^p \equiv a \pmod{p}.$$

若 $(a, p) \neq 1$, 则由 p 为质数知 $p \mid a$, 所以 $p \mid a^p$, 即
$$a^p \equiv a \equiv 0 \pmod{p}.$$

注：费马小定理（确切地说是 $(a, p) = 1$ 时的情况）是由费马在 1640 年提出的，但没有给出证明. 直到 1736 年，欧拉才证明了费马小定理，并于 1760 年证明了欧拉定理.

例 1 求 $13^{2\,001}$ 除以 60 的余数

解：由于 $(13, 60) = 1$, $\varphi(60) = 16$, 所以由欧拉定理得
$$13^{16} \equiv 1 \pmod{60}.$$

又
$$2\,001 = 125 \times 16 + 1,$$

所以
$$13^{2\,001} = 13^{125 \times 16 + 1} = 13^{125 \times 16} \times 13 = (13^{16})^{125} \times 13 \equiv 13 \pmod{60}.$$

所以 13^{2001} 除以 60 的余数为 13.

例 2 设 p 为不等于 3 和 7 的奇质数,证明
$$p^6 \equiv 1 \pmod{84}.$$

证明:因为 $84=2^2\times 3\times 7=4\times 3\times 7$,所以,由同余性质(9)知,只需证明
$$p^6 \equiv 1 \pmod 4,$$
$$p^6 \equiv 1 \pmod 3,$$
$$p^6 \equiv 1 \pmod 7$$
同时成立.

由于 p 是不等于 3 和 7 的奇质数,所以
$$(p,4)=1,\ (p,3)=1,\ (p,7)=1.$$
由欧拉定理知
$$p^2 = p^{\varphi(4)} \equiv 1 \pmod 4,$$
所以
$$p^6 \equiv 1 \pmod 4.$$
同理可得
$$p^6 \equiv 1 \pmod 3,$$
$$p^6 \equiv 1 \pmod 7.$$

注:若 m 为大于 1 的整数,a 为任意与 m 互质的整数,则由欧拉定理知,总可以找到自然数 $\varphi(m)$,使 $a^{\varphi(m)} \equiv 1 \pmod m$.

然而,$\varphi(m)$ 并不一定是使 $a^x \equiv 1 \pmod m$ 成立的自然数 x 中最小的. 比如:当 $a=5,m=8$ 时,
$$5^2 \equiv 1 \pmod 8.$$
而 $\varphi(8)=4$.

定理 2.3.3 若 m 为大于 1 的整数. a 为整数且 $(a,m)=1$,如果自然数 h 为满足
$$a^x \equiv 1 \pmod m$$
的所有自然数 x 中最小的,则 $h \mid x$.

证明：由带余除法知
$$x=hq+r \quad (0\leqslant r\leqslant h-1).$$
又由 $a^x\equiv 1\pmod{m}$ 和 $a^h\equiv 1\pmod{m}$ 知：
$$a^x=a^{h\cdot q+r}=a^{h\cdot q}\times a^r=(a^h)^q\times a^r\equiv 1\pmod{m},$$
即
$$a^r\equiv 1\pmod{m}.$$
再由 h 的最小性知：$r=0$，即 $h\mid x$.

例 3 已知 $m=21$，$a=5$，求使
$$a^x\equiv 1\pmod{m}$$
成立的最小自然数 h.

解： 因为 $(5,21)=1$，所以由欧拉定理知
$$5^{\varphi(21)}\equiv 1\pmod{21}.$$
又由于 $\varphi(21)=12$，所以由定理 2.3.3 知：$h\mid 12$. 而 12 的所有正约数为 $1,2,3,4,6,12$，所以 h 应为其中使
$$a^x\equiv 1\pmod{m}$$
成立的最小数，经计算知：$h=6$.

在结束本节之前，我们向大家介绍欧拉定理和费马小定理在信息通讯领域里的一个应用，即陷门单向函数与公开密钥.

传统的保密系统，收发双方有相同的加密密钥和相同的解密密钥，而且加密密钥和解密密钥也是相同的，密钥需要严格保密不能丢失. 这样，整个系统的密钥数量往往很大，难以分配和管理. 另一方面，收方可以修改内容，发方也可以否认所发的内容，双方可能因此而发生争执. 公开密码钥的最重要之处有两点：一是将加密密钥和解密密钥分开，加密密钥可以公开，而解密密钥则是严格保密的；二是这一体制可以发送签了名的信息. 因此，公开密钥体制的提出，解除了上述传统的保密系统所产生的困难，这是密码学中的重大突破.

公开密钥体制是基于 1976 年迪费(Diffie)和海尔曼(Hellman)

提出的陷门单向函数，这样的函数满足以下三个条件：

定义 2.6 数论函数 $f(n)$ 叫做陷门单向函数，如果它满足：

(1) 对 $f(n)$ 的定义域中的每一个 n，均存在函数 $f^{-1}(l)$，使 $f^{-1}(f(n))=f(f^{-1}(n))=n$.

(2) $f(n)$ 与 $f^{-1}(l)$ 都容易计算.

(3) 仅根据已知的计算 $f(n)$ 的算法，去找出计算 $f^{-1}(l)$ 的容易算法是非常困难的.

利用陷门单向函数，就可以构成如下的公开密钥码体制.

假设有一个部门，下设 $A, B, C, \cdots$ 若干个机构，各机构均有自己的陷门单向函数，分别设为 $f_A(n), f_B(n), f_C(n), \cdots$，各函数的算法分别作为各部门的编码（加密）方法而予公开，而诸 $f_A^{-1}(l), f_B^{-1}(l), f_C^{-1}(l), \cdots$ 的容易算法，作为解密密钥则是保密的. 这样，部门中的任一机构（包括部门外的机构），都可以给其中的一个机构发保密信息. 例如，B 向 A 发保密信息，方法是，设 B 向 A 所发的信息明文为 n，代入 A 所公开的陷门单向函数 $f_A(n)$，得 $f_A(n)=m$，m 即为密文，由于只有 A 知道 $f_A^{-1}(m)$ 的容易算法，因此，A 可由 $f_A^{-1}(m)=f_A^{-1}(f_A(n))=n$ 脱密.

另外，部门内的各成员可以彼此发送签名信息. 例如，B 给 A 发签名信息，方法是，设明文为 n，先用 $f_B^{-1}(l)$ 对 n 加密得 $f_B^{-1}(n)=m$，再用 $f_A(n)$ 对 m 加密得 $f_A(m)=t$. A 收到 t 后，由 $f_A^{-1}(t)=m$ 得 $f_B(m)=f_B(f_B^{-1}(n))=n$，即可看到 B 发出的信息了. 因为只有 B 才能发这样的双重加密信，所以 B 的签名是无法伪造的.

1977 年，里凡斯特（Rivest）等首先找到一类便于应用的陷门单向函数，通常称为 RSA 体制.

定理 2.3.4 设 p, q 为两个给定的奇质数，令 $m=pq$，适当选择正整数 s，使得 $(s, p-1)=(s, q-1)=1$，则

$$f(n)=\langle n^s \rangle_m \tag{1}$$

为区间 $[1, m-1]$ 上的一个陷门单向函数,其中 $\langle n^s \rangle_m$ 表示 n^s 模 m 的最小正余数.

证明:由于 $(s, (p-1)(q-1)) = 1$,所以存在整数 h, t 满足
$$sh + (p-1)(q-1)t = 1, 0 < h < (p-1)(q-1),$$
即
$$sh + \varphi(m)t = 1, 0 < h < \varphi(m),$$
即
$$sh \equiv 1 (\bmod \varphi(m)), 0 < h < \varphi(m). \tag{2}$$

设 $f(n) = \langle n^s \rangle_m = l, n \in [1, m-1]$,定义
$$F(l) = \langle l^h \rangle_m. \tag{3}$$

我们来证明 $F(l) = f^{-1}(l)$. 设 $n \in [1, m-1]$,由(1)和(2),有
$$F(f(n)) = \langle f(n)^h \rangle_m \equiv f(n)^h \equiv n^{sh} (\bmod m). \tag{4}$$

如果 $(n, m) = 1$,则由欧拉定理及(2)(4)立得
$$F(f(n)) = n.$$

如果 $(n, m) > 1$,则 $p \mid n$ 或 $q \mid n$,由(4)分别模 p 或模 q,仍然给出 $F(f(n)) = n$.

同样的方法,可以证明 $f(F(n)) = n$. 这就证明了 $f^{-1}(l) = F(l)$.

(1)式和(2)式均为整数的乘幂然后求模 m 的最小正余数,这一运算在计算机上是容易计算的. 然而,适当选择大的质数 p, q,要想通过 m 和 s 来求出 p 和 q 是非常困难的. 因为 m 适当大,求出其标准分解式要花费惊人的时间,几乎是不可能的,因此,适当选择两个给定的奇质数 p, q,可使(1)给出区间 $[1, m-1]$ 上的一个陷门单向函数.

RSA 体制的建立,是数论,尤其是欧拉定理和费马小定理在密码学中的重要应用,与此同时,它也极大地促进了数论学科本身的发展. 在下一节,我们将讨论欧拉定理和费马小定理在数论上的一个重要应用.

第二章 同 余

习 题 2.3

1. 举例说明：在欧拉定理中，条件 $(a, m)=1$ 是不可缺少的.

2. 设 p, q 是两个大于 3 的质数，证明：
$$p^2 \equiv q^2 (\bmod 24).$$

3. 设 p 为大于 5 的质数，证明：
$$p^4 \equiv 1 (\bmod 240).$$

4. 如果今天是星期一，问从今天起再过 $10^{10^{10}}$ 天是星期几？

5. 计算下列各题：

(1) 求 $8^{4\,964}$ 除以 13 的余数；

(2) 求 $54^{1\,347}$ 除以 17 的余数；

(3) 求 $47^{7\,385}$ 除以 19 的余数；

(4) 求 $7\,891^{432}$ 除以 18 的余数.

6. 已知 $a=18, m=77$. 求使
$$a^h \equiv 1 (\bmod m)$$
成立的最小自然数.

7. 设 m, n 为正整数，且 $(m, n)=1$，证明：
$$m^{\varphi(n)} + n^{\varphi(m)} \equiv 1 (\bmod mn).$$

§2.4 循 环 小 数

欧拉定理和费马小定理在数论上的地位非常重要，作为在数论上的一个应用，本节我们来阐述它们在研究分数和小数互化时的作用.

我们知道，任何一个有理数 $\dfrac{a}{b}$ ($b>0, a, b$ 为整数) 都可以表

成

$$\frac{a}{b} = \left[\frac{a}{b}\right] + \left\{\frac{a}{b}\right\}, \text{其中} 0 \leqslant \left\{\frac{a}{b}\right\} < 1.$$

因此,我们只讨论区间(0,1)上的分数和小数的互化问题. 显然 (0,1)中的任意有理数可表成 $\frac{a}{b}$, a, b 为整数,$0 < a < b$,$(a,b)=1$ 的形式.

定义 2.7 如果在小数 $0.q_1 q_2 \cdots q_n$(q_i 为 0,1,2,$\cdots$,9 中的某一个数字)中,$q_n \neq 0$,则称此小数为 n 位有限小数.

定义 2.8 如果在无限小数 $0.q_1 q_2 \cdots q_n \cdots$($q_i$ 为 0,1,2,$\cdots$,9 中的某一个数字,并且从任何一位以后不全是 0)中,存在整数 s,h,$s \geqslant 0$,$h > 0$,使得

$$q_{s+i} = q_{s+kh+i} (1 \leqslant i \leqslant h, k = 0, 1, 2, \cdots),$$

则我们称此小数为循环小数,记为

$$0.q_1 q_2 \cdots q_s \dot{q}_{s+1} \cdots \dot{q}_{s+h}.$$

如果上述的 s 和 h 不存在,则我们称此小数为无限不循环小数.

注:对于循环小数而言,具有上述性质的 s 和 h 不只一个. 例如,在循环小数

$$0.301\dot{4}\dot{5}$$

中,可以有 $s=3$,$h=2$;还可以有 $s=4$,$h=4$.

定义 2.9 在循环小数 $0.q_1 q_2 \cdots q_s \dot{q}_{s+1} \cdots \dot{q}_{s+h}$ 中,如果 h 是满足循环小数性质的最小数,则我们称 $q_{s+1} q_{s+2} \cdots q_{s+h}$ 为此循环小数的循环节,称 h 为循环节的长度. 如果最小的 $s=0$,则我们称此循环小数为纯循环小数. 否则,称为混循环小数.

定理 2.4.1 有理数 $\frac{a}{b}$(a,b 为整数,$0 < a < b$,$(a,b)=1$)能化为有限小数的充分必要条件为:b 中不含有 2 和 5 以外的质因数,

并且当 $b=2^\alpha \cdot 5^\beta$ 时，$\dfrac{a}{b}$ 是一个 s 位有限小数，其中 $s=\max\{\alpha, \beta\}$.

证明：（充分性）由于有理数 $\dfrac{a}{b}$，$0<a<b$，$(a, b)=1$，由 $b=2^\alpha \cdot 5^\beta$，记 $s=\max\{\alpha, \beta\}$，所以 $b \mid 10^s a$，$b \nmid 10^{s-1} a$，由带余除法知

$$10a = bq_1 + r_1, \quad 0 \leqslant r_1 \leqslant b-1 (0 \leqslant q_1 \leqslant 9, q_1 \in \mathbf{N}),$$
$$10r_1 = bq_2 + r_2, \quad 0 \leqslant r_2 \leqslant b-1 (0 \leqslant q_2 \leqslant 9, q_2 \in \mathbf{N}),$$
$$\cdots$$
$$10r_{s-1} = bq_s + r_s, \quad 0 \leqslant r_s \leqslant b-1 (0 \leqslant q_s \leqslant 9, q_s \in \mathbf{N}),$$
$$\cdots$$

将各式两端同时除以 $10b$ 得

$$\dfrac{a}{b} = \dfrac{q_1}{10} + \dfrac{1}{10} \cdot \dfrac{r_1}{b}, \quad 0 \leqslant r_1 \leqslant b-1 (0 \leqslant q_1 \leqslant 9, q_1 \in \mathbf{N}),$$
$$\dfrac{r_1}{b} = \dfrac{q_2}{10} + \dfrac{1}{10} \cdot \dfrac{r_2}{b}, \quad 0 \leqslant r_2 \leqslant b-1 (0 \leqslant q_2 \leqslant 9, q_2 \in \mathbf{N}),$$
$$\cdots$$
$$\dfrac{r_{s-1}}{b} = \dfrac{q_s}{10} + \dfrac{1}{10} \cdot \dfrac{r_s}{b}, \quad 0 \leqslant r_s \leqslant b-1 (0 \leqslant q_s \leqslant 9, q_s \in \mathbf{N}),$$
$$\cdots$$

将上面第 $2, \cdots, n$ 个式子依次代入到第 1 个式子中得

$$\dfrac{a}{b} = \dfrac{q_1}{10} + \dfrac{q_2}{10^2} + \cdots + \dfrac{q_s}{10^s} + \dfrac{1}{10^s} \cdot \dfrac{r_s}{b} \tag{1}$$

将第 $2, \cdots, n-1$ 个式子依次代入第 1 个式子得

$$\dfrac{a}{b} = \dfrac{q_1}{10} + \dfrac{q_2}{10^2} + \cdots + \dfrac{q_{s-1}}{10^{s-1}} + \dfrac{1}{10^{s-1}} \cdot \dfrac{r_{s-1}}{b} \tag{2}$$

将(1)式两端同时乘以 10^s，得

$$\dfrac{10^s a}{b} = 10^{s-1} q_1 + 10^{s-2} q_2 + \cdots + 10^{s-(s-1)} q_{s-1} + q_s + \dfrac{r_s}{b}.$$

因 $b \mid 10^s a$，所以 $\dfrac{r_s}{b} = 0$，即 $r_s = 0$. 所以从 r_s 以后开始所有的 $r_i =$

0，因而 $q_{i+1}=0$，$i \geqslant s$.

将(2)式两端同时乘以 10^{s-1}，得

$$\frac{10^{s-1}a}{b} = 10^{s-2}q_1 + 10^{s-3}q_2 + \cdots + 10^{(s-1)-(s-2)}q_{s-2} + q_{s-1} + \frac{r_{s-1}}{b}.$$

因 $b \nmid 10^{s-1}a$，所以 $\frac{r_{s-1}}{b} \neq 0$，即 $r_{s-1} \neq 0$，所以 $q_s \neq 0$，所以，有理数 $\frac{a}{b}$ 是一个 s 位有限小数.

（必要性） 若有理数 $\frac{a}{b}(a,b$ 为整数，$0<a<b$，$(a,b)=1)$ 能化为有限小数，即

$$\frac{a}{b} = 0.q_1q_2\cdots q_n(q_n \neq 0),$$

则

$$10^n \cdot \frac{a}{b} = 10^{n-1}q_1 + 10^{n-2}q_2 + \cdots + q_n.$$

所以 $b \mid 10^n a$，从而 $b \mid 10^n$，即 b 中不含有 2 和 5 以外的质因数.

定理 2.4.2 设 a，b 为整数，$0<a<b$，$(a,b)=1$，则有理数 $\frac{a}{b}$ 能化为纯循环小数的充分必要条件为：$(10,b)=1$. 这时，$\frac{a}{b}$ 所化成的纯循环小数的循环节的长度 h 是满足 $10^x \equiv 1 \pmod{b}$ 的最小正整数.

证明：（充分性） 若 $(10,b)=1$，则由欧拉定理和定理 2.3.3 知：存在最小的正整数 h，使

$$10^h \equiv 1 \pmod{b}.$$

所以，$10^h = kb+1$，因而 $\frac{10^h}{b} = k + \frac{1}{b}$，等式两边同时乘以 a 得 $\frac{10^h \cdot a}{b} = ka + \frac{a}{b}$，即 $(10^h-1) \cdot \frac{a}{b} = ka$，令 $ka=q$，所以 $0<q<10^h-1$. 因此 $q = \overline{a_1a_2\cdots a_h}$ （a_i 为整数，$0 \leqslant a_i \leqslant 9$，$i=1$，2，$\cdots$，$h$，$a_1$，$a_2$，$\cdots$，$a_h$ 既不全为 0，亦不全为 9）. 从而

第二章 同余

$$\frac{a}{b} = \frac{1}{10^h} \cdot q + \frac{1}{10^h} \cdot \frac{a}{b} = 0.a_1 a_2 \cdots a_h + \frac{1}{10^h} \cdot \frac{a}{b}$$
$$= 0.a_1 a_2 \cdots a_h a_1 a_2 \cdots a_h + \frac{1}{10^{2h}} \cdot \frac{a}{b}.$$

重复上述运算,即得

$$\frac{a}{b} = 0.a_1 a_2 \cdots a_h a_1 a_2 \cdots a_h \cdots = 0.\dot{a}_1 a_2 \cdots \dot{a}_h.$$

由于 h 的最小性,所以 $\frac{a}{b}$ 化为纯循环小数时循环节的长度为 h.

(必要性) 若 $\frac{a}{b} = 0.\dot{a}_1 a_2 \cdots \dot{a}_h$ 为纯循环小数,则

$$10^h \cdot \frac{a}{b} = \overline{a_1 a_2 \cdots a_h} + 0.a_1 a_2 \cdots a_h a_1 a_2 \cdots a_h \cdots$$
$$= \overline{a_1 a_2 \cdots a_h} + \frac{a}{b}.$$

所以

$$(10^h - 1) \cdot \frac{a}{b} = \overline{a_1 a_2 \cdots a_h}.$$

又因为 $(a, b) = 1$,所以 $b \mid 10^h - 1$,即 $(10, b) = 1$.

定理 2.4.3 设 a, b 为整数,$0 < a < b$,$(a, b) = 1$,则有理数能化为混循环小数的充分必要条件是:b 中既含有质因数 2 或 5,又含有 2 和 5 以外的质因数. 并且当 $b = 2^\alpha \cdot 5^\beta \cdot b_1$,$(10, b_1) = 1$,$b_1 > 1$ 时,由 $\frac{a}{b}$ 所化成的混循环小数的不循环部分的长度 $s = \max\{\alpha, \beta\}$,循环节的长度 h 为满足 $10^x \equiv 1 \pmod{b_1}$ 的最小正整数.

证明:仿照定理 2.4.1 和定理 2.4.2 的证明方法,并利用其结论可立得本定理的证明.

注:上述三个定理告诉我们,有理数 $\frac{a}{b}$ 化为小数时可能出现三种情况. 虽然这三种情况彼此相互独立,但在有理数和小数的互化过程中所采用的手法是相似的,并且在后两种情况下,求循环节的

长度也是相似的.

例 1 求 $\dfrac{7}{11}$ 和 $\dfrac{5}{84}$ 所化成的循环小数的循环节的长度.

解：(1) 因为 $(10,11)=1$，所以由定理 2.4.2 知，$\dfrac{7}{11}$ 能化为纯循环小数. 其循环节的长度 h 为满足 $10^x \equiv 1 \pmod{11}$ 的最小正整数. 由定理 2.3.3 知，$h \mid \varphi(11)$，即 $h \mid 10$. 而 10 的所有正约数为 1，2，5，10，经计算知：$h=2$.

(2) 因为 $84=2^2 \times 3 \times 7$，所以由定理 2.4.3 知，$\dfrac{5}{84}$ 能化为混循环小数. 其循环节的长度 h 为满足 $10^x \equiv 1 \pmod{21}$ 的最小正整数. 由定理 2.3.3 知，$h \mid \varphi(21)$，即 $h \mid 12$，而 12 的所有正约数为 1，2，3，4，6，12，经计算知：$h=6$.

由以上的讨论我们知道，在将有理数 $\dfrac{a}{b}$ (a,b 为整数，$0<a<b$，$(a,b)=1$) 化为循环小数时，由于循环节的长度 h 为满足 $10^x \equiv 1 \pmod{b}$ 或 $10^x \equiv 1 \pmod{b_1}$ 的最小正整数，因此，它只依赖于 b，换句话说，相同的 b 具有相同的循环节的长度. 而对不同的 a 来说，每个循环节里的数是否一样？它们之间有何关系呢？这就是所谓的循环节的构造问题. 以下我们就来探讨这个问题.

设 a,b 为整数，$0<a<b$，$(a,b)=1$. 如果有理数 $\dfrac{a}{b}$ 能化为混循环小数，则 $b=2^\alpha \cdot 5^\beta \cdot b_1$，$b_1>1$，$(10,b_1)=1$. 记 $s=\max\{\alpha,\beta\}$. 则

$$\dfrac{a}{b} = 0.q_1 q_2 \cdots q_s + \dfrac{1}{10^s} \cdot \dfrac{r_s}{b}$$
$$= 0.q_1 q_2 \cdots q_s \dot{q}_{s+1} \cdots \dot{q}_{s+h}$$
$$= 0.q_1 q_2 \cdots q_s + \dfrac{1}{10^s} \times 0.\dot{q}_{s+1} \cdots \dot{q}_{s+h}.$$

所以，$\dfrac{r_s}{b} = 0.\dot{q}_{s+1} \cdots \dot{q}_{s+h}$ 为一个与 $\dfrac{a}{b}$ 有相同的循环节的纯循环小数.

可见,由 $\frac{r_s}{b}$ 化成的既约分数的分母中一定只含有异于 2 和 5 的质因数,所以只需就分母与 10 互质的情况来讨论循环节的构造.

显然,形如 $\frac{a}{b}$, $0<a<b$, $(a,b)=1$ 的有理数共有 $\varphi(b)$ 个,它们的分子分别是模 b 的非负最小简化剩余系中的各个数. 由前面的讨论知:它们的循环节的长度是同一个数 h,并且 $h \mid \varphi(b)$.

以下设有理数 $\frac{a}{b}$, $0<a<b$, $(a,b)=1$, $(10,b)=1$,则由带余除法知

$10a = bq_1 + r_1$, $0 < r_1 \leqslant b-1 (0 \leqslant q_1 \leqslant 9)$,

$10r_1 = bq_2 + r_2$, $0 < r_2 \leqslant b-1 (0 \leqslant q_2 \leqslant 9)$,

$\cdots$

$10r_{h-1} = bq_h + r_h$, $0 < r_h \leqslant b-1 (0 \leqslant q_h \leqslant 9)$,

$\cdots$

又由定理 2.4.2 知:$\frac{a}{b}$ 能化为纯循环小数,即

$$\frac{a}{b} = 0.\dot{q}_1 q_2 \cdots \dot{q}_h.$$

其中 h 为循环节的长度.

定理 2.4.4 如上假设,则 $\frac{r_i}{b} = 0.\dot{q}_{i+1} \cdots q_h \dot{q}_1 \cdots \dot{q}_i$.

证明:仿照定理 2.4.1 的证明方法,我们有

$$\frac{a}{b} = 0.q_1 q_2 \cdots q_h + \frac{1}{10^h} \times \frac{r_h}{b},$$

又

$$\frac{a}{b} = 0.\dot{q}_1 q_2 \cdots \dot{q}_h = 0.q_1 q_2 \cdots q_h + \frac{1}{10^h} \times 0.\dot{q}_1 q_2 \cdots \dot{q}_h$$

$$= 0.q_1 q_2 \cdots q_h + \frac{1}{10^h} \cdot \frac{a}{b}.$$

所以 $r_h = a$，因此有 $r_{h+1} = r_1$，$r_{h+2} = r_2$，…，从而

$$10r_i = bq_{i+1} + r_{i+1},$$

…

$$10r_{h-1} = bq_h + r_h, \quad r_h = a,$$

$$10a = bq_1 + r_1,$$

…

$$10r_{i-1} = bq_i + r_i,$$

…

再由定理 2.4.2 知：$\dfrac{r_i}{b} = 0.\dot{q}_{i+1}\cdots q_h\dot{q}_1\cdots\dot{q}_i$.

例 2 将有理数 $\dfrac{a}{7}$（$0 < a < 7$，$(a, 7) = 1$）化为纯循环小数，并说出它们的循环节的构造.

解：因为 $\varphi(7) = 6$，而 6 的全部正约数为 1，2，3，6，经计算知：此类有理数的循环节的长度为 6. 又由带余除法，有

$$10 \times 1 = 7 \times 1 + 3, \quad 10 \times 3 = 7 \times 4 + 2,$$

$$10 \times 2 = 7 \times 2 + 6, \quad 10 \times 6 = 7 \times 8 + 4,$$

$$10 \times 4 = 7 \times 5 + 5, \quad 10 \times 5 = 7 \times 7 + 1,$$

所以，由定理 2.4.4 知：

$$\frac{1}{7} = 0.\dot{1}4285\dot{7}, \quad \frac{3}{7} = 0.\dot{4}2857\dot{1},$$

$$\frac{2}{7} = 0.\dot{2}8571\dot{4}, \quad \frac{6}{7} = 0.\dot{8}5714\dot{2},$$

$$\frac{4}{7} = 0.\dot{5}7142\dot{8}, \quad \frac{5}{7} = 0.\dot{7}1428\dot{5}.$$

它们的循环节分别由 1，4，2，8，5，7 这 6 个数字顺序轮换而得到.

仔细观察例 2 里我们得到的每个循环节，会发现一个很有趣的现象：若将有理数 $\dfrac{a}{7}$ 表成

第二章 同余

$$\frac{a}{7} = 0.q_1 q_2 q_3 t_1 t_2 t_3 \cdots,$$

则

$$q_i + t_i = 9 (i = 1, 2, 3),$$

一般地，我们有

定理 2.4.5 如定理 2.4.4 假设，如果有理数 $\frac{a}{b}$ 所化成的循环小数的循环节的长度为偶数，即 $h = 2k$，且 $(10^k - 1, b) = 1$，若将 $\frac{a}{b}$ 表成

$$\frac{a}{b} = 0.\dot{q}_1 q_2 \cdots q_k t_1 t_2 \cdots \dot{t}_k,$$

则

$$q_i + t_i = 9 (i = 1, 2, \cdots k).$$

注：由于篇幅所限，我们这里不再给出定理 2.4.5 以及后面的定理 2.4.6 的证明.

由于 $(10^3 - 1, 7) = 1$，所以例 2 中存在上述有趣的现象. 不仅如此，利用定理 2.4.5 还可减少计算量. 以例 2 中的 $\frac{1}{7}$ 为例，我们只需算出

$$10 \times 1 = 7 \times 1 + 3, \quad 10 \times 3 = 7 \times 4 + 2,$$
$$10 \times 2 = 7 \times 2 + 6,$$

就可计算出 $\frac{1}{7} = 0.\dot{1}4285\dot{7}$，遗憾的是不能由 $\frac{1}{7}$ 来求出所有的 $\frac{r_i}{7}$ ($i = 2, 3, \cdots, 6$).

例 3 将有理数 $\frac{a}{11}$ ($0 < a < 11$, $(a, 11) = 1$) 化为纯循环小数，并说出它们的循环节的构造.

解：因为 $\varphi(11) = 10$，而 10 的全部正约数为 1, 2, 5, 10. 所以，经计算得 $h = 2$. 由带余除法

143

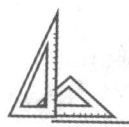

初 等 数 论

$$10 \times 1 = 11 \times 0 + 10,$$

所以，$\dfrac{1}{11} = 0.\dot{0}\dot{9}$, $\dfrac{10}{11} = 0.\dot{9}\dot{0}$.

$10 \times 2 = 11 \times 1 + 9$，所以，$\dfrac{2}{11} = 0.\dot{1}\dot{8}$, $\dfrac{9}{10} = 0.\dot{8}\dot{1}$.

$10 \times 3 = 11 \times 2 + 8$，所以，$\dfrac{3}{11} = 0.\dot{2}\dot{7}$, $\dfrac{8}{11} = 0.\dot{7}\dot{2}$.

$10 \times 4 = 11 \times 3 + 7$，所以，$\dfrac{4}{11} = 0.\dot{3}\dot{6}$, $\dfrac{7}{11} = 0.\dot{6}\dot{3}$.

$10 \times 5 = 11 \times 4 + 6$，所以，$\dfrac{5}{11} = 0.\dot{4}\dot{5}$, $\dfrac{6}{11} = 0.\dot{5}\dot{4}$.

形如 $\dfrac{a}{11}(0 < a < 11, (a, 11) = 1)$ 的有理数，共可分成 5 个组，每个组有 2 个数. 在同一组中的数在化为纯循环小数后，其循环节由相同的 2 个数字按顺序轮换而得到.

一般地，我们有

定理 2.4.6 如定理 2.4.4 假设，如果 $\dfrac{a}{b}$ 所化成的循环小数的循环节的长度为 $h = \dfrac{\varphi(b)}{m}$，则形如 $\dfrac{a}{b}(0 < a < b, (a, b) = 1)$ 的有理数共可分成 m 个组，每个组有 h 个数，在同一组中的数在化为纯循环小数后，其循环节由相同 h 个数字按循环顺序轮换而得到.

例 4 将有理数 $\dfrac{a}{13}(0 < a < 13, (a, 13) = 1)$ 化为纯循环小数，并说出它们的循环节的构造.

解：因为 $\varphi(13) = 12$，而 12 的全部正约数为 1，2，3，4，6，12，经计算知：$h = 6$. 因此由定理 2.4.6 知：形如 $\dfrac{a}{13}(0 < a < 13, (a, 13) = 1)$ 的有理数共可分成 2 个组，每个组有 6 个数，由带余除法知

$$10 \times 1 = 13 \times 0 + 10, \quad 10 \times 10 = 13 \times 7 + 9,$$

第二章 同余

$$10\times 9=13\times 6+12,\ 10\times 12=13\times 9+3,$$
$$10\times 3=13\times 2+4,\ \ 10\times 4=13\times 3+1.$$

由此得第一组数字和它们化成的纯循环小数.

$$\frac{1}{13}=0.\dot{0}7692\dot{3},\ \frac{10}{13}=0.\dot{7}6923\dot{0},\ \frac{9}{13}=0.\dot{6}9230\dot{7},$$

$$\frac{12}{13}=0.\dot{9}2307\dot{6},\ \frac{3}{13}=0.\dot{2}3076\dot{9},\ \frac{4}{13}=0.\dot{3}0769\dot{2}.$$

其循环节由 0,7,6,9,2,3 六个数字按顺序轮换而成.

$$10\times 2=13\times 1+7,\ 10\times 7=13\times 5+5,$$
$$10\times 5=13\times 3+11,\ 10\times 11=13\times 8+6,$$
$$10\times 6=13\times 4+8,\ 10\times 8=13\times 6+2.$$

由此得第二组数字和它们化成的纯循环小数

$$\frac{2}{13}=0.\dot{1}5384\dot{6},\ \frac{7}{13}=0.\dot{5}3846\dot{1},$$

$$\frac{5}{13}=0.\dot{3}8461\dot{5},\ \frac{11}{13}=0.\dot{8}4615\dot{3},$$

$$\frac{6}{13}=0.\dot{4}6153\dot{8},\ \frac{8}{13}=0.\dot{6}1538\dot{4}.$$

其循环节由 1,5,3,8,4,6 六个数字按顺序轮换而成.

注：例 4 中的两组数是由数字本身性质决定的,与作带余除法时所选取的数字无关.

习 题 2.4

1. 指出下列循环小数的不循环部分和循环节的长度：
(1) 0.010 010 010 001 000 100 01…；
(2) 0.888 088 808 888 088 880 888 0….

2. 判断下列分数哪些可以化成纯循环小数：
(1) $\frac{1}{20}$；(2) $\frac{1}{64}$；(3) $\frac{1}{99}$；(4) $\frac{1}{21}$.

3. 求下列分数化成循环小数后循环节的长度：

(1) $\dfrac{10}{187}$；(2) $\dfrac{85}{247}$；(3) $\dfrac{20}{561}$；(4) $\dfrac{7}{3\,210}$.

4. 将分母为 14 的所有既约分数化为循环小数.

5. 将下列分数化成循环小数：

(1) $\dfrac{5}{17}$；(2) $\dfrac{7}{19}$；(3) $\dfrac{20}{119}$；(4) $\dfrac{2}{13}$.

6. 已知 $\dfrac{1}{20}=0.0\dot{4}761\dot{9}$，其循环节的长度为 6，6 是偶数. 但是循环节的前 3 个数字与后 3 个数字的对应数字之和均非 9. 这个例子是否说明定理 2.4.5 与定理 2.4.6 有错，为什么？

第三章 同余方程

我们知道，在代数学里的一个主要问题就是求解代数方程，它不仅要求我们要对代数方程何时有解、何时无解及其原因作出回答，而且还要在有解的条件下求出所有解，并最好能够给出解的公式．这其实也是衡量代数方程这一问题的研究水平的一个理论性标准．以下我们所要讨论的正是与代数方程相类似的问题，即求解同余方程．本章我们主要讨论所谓一次同余方程，一次同余方程组，其中还包括介绍我国古代数学家在这方面工作的卓越成就．

§3.1 一次同余方程

定义 3.1 设多项式 $f(x)=a_n x^n+a_{n-1}x^{n-1}+\cdots+a_1 x+a_0$，其中 $a_i(0\leqslant i\leqslant n)$ 为整数，又设 m 为正整数，则称
$$f(x)\equiv 0 \pmod{m} \tag{1}$$
为模 m 的一元同余方程，简称同余方程，如果
$$a_n\not\equiv 0 \pmod{m}$$

则称同余方程(1)的次数为 n.

例如 同余方程
$$x^5 + x + 1 \equiv 0 \pmod 7$$
为模 7 的 5 次同余方程.

由 §2.1 性质(6)知,如果 a 为整数,且
$$f(a) \equiv 0 \pmod m,$$
则与 a 所在的同一个模 m 的剩余类 $[r_a]$ 中的任何整数 a' 都能使 $f(a') \equiv 0 \pmod m$ 成立. 因此,我们有

定义 3.2 设 a 为使 $f(a) \equiv 0 \pmod m$ 成立的一个整数,则称 $x \equiv a \pmod m$ 为同余方程(1)的一个解.

注:上述定义说明,把适合(1)式而对模 m 同余的一切整数,即模 m 的一个剩余类算作(1)式的一个解. 而模 m 的剩余类又只有 m 个,因此,要想求同余方程(1)的解,只要逐个将 $0, 1, 2, \cdots, m-1$ 代入(1)中进行验算,就可求出其所有解. 然而,当 m 很大,并且(1)的次数 n 也很大时,计算量往往也非常大.

例 1 用验算的方法求同余方程
$$x^5 + 2x^4 + x^3 + 2x^2 - 2x + 3 \equiv 0 \pmod 7$$
与同余方程
$$x^2 + 2 \equiv 0 \pmod 5$$
的所有解.

解:将 $0, 1, 2, 3, 4, 5, 6$ 分别代入同余方程中知,$x \equiv 1 \pmod 7$,$x \equiv 5 \pmod 7$,$x \equiv 6 \pmod 7$ 为其三个解.

将 $0, 1, 2, 3, 4$ 分别代入同余方程
$$x^2 + 2 \equiv 0 \pmod 5$$
中知,同余方程
$$x^2 + 2 \equiv 0 \pmod 5$$
没有解.

关于一元一次同余方程的求解问题,我们有下述定理.

第三章 同余方程

定理 3.1.1 设 m 为正整数，a，b 为整数，$(a, m) = 1$，则同余方程

$$ax \equiv b \pmod{m}$$

恰有一个解.

证明：因为整数集合 $\{1, 2, \cdots, m\}$ 为模 m 的一个完全剩余系，又因为 $(a, m) = 1$，所以由定理 2.2.4 知，整数集合 $\{a, 2a, \cdots, ma\}$ 也为模 m 的一个完全剩余系. 所以其中恰有一个整数 aj，适合

$$aj \equiv b \pmod{m},$$

所以

$$x \equiv j \pmod{m}$$

就是同余方程

$$ax \equiv b \pmod{m}$$

的唯一解.

定理 3.1.1 并没有告诉我们怎样来求这个唯一解，除非我们将 $1, 2, \cdots, m$ 逐一代入同余方程

$$ax \equiv b \pmod{m}$$

中验算，这是我们不愿意看到的.

定理 3.1.2 若 m 为正整数，a，b 为整数，$(a, m) = 1$，则

$$x \equiv a^{\varphi(m)-1} b \pmod{m}$$

为同余方程

$$ax \equiv b \pmod{m}$$

的唯一解.

证明：因为 $(a, m) = 1$，所以由欧拉定理知

$$a^{\varphi(m)} \equiv a a^{\varphi(m)-1} \equiv 1 \pmod{m},$$

所以，由同余性质(5)知

$$a a^{\varphi(m)-1} \cdot b \equiv b \pmod{m},$$

所以，由定理 3.1.1 知

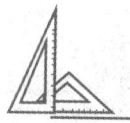

$$x \equiv a^{\varphi(m)-1} \cdot b \pmod{m}$$

为同余方程

$$ax \equiv b \pmod{m}$$

的唯一解.

显然,定理 3.1.2 给出了此类同余方程的一个解的公式. 这是一件非常好的事情.

定理 3.1.3 设 m 为正整数,a,b 为整数,如果 $(a,m)=d$,则同余方程

$$ax \equiv b \pmod{m}$$

有解的充分必要条件为 $d \mid b$.

证明:(充分性)因为 $d \mid b$,又 $(a,m)=d$,所以 $\left(\dfrac{a}{d}, \dfrac{m}{d}\right)=1$,因而由定理 3.1.1 知,同余方程

$$\dfrac{a}{d}x \equiv \dfrac{b}{d} \pmod{\dfrac{m}{d}}$$

恰有一解,设为 $x \equiv c \pmod{\dfrac{m}{d}}$,

即 $\dfrac{a}{d} \cdot c \equiv \dfrac{b}{d} \pmod{\dfrac{m}{d}}$,

所以 $\dfrac{a}{d} \cdot c = \dfrac{m}{d} \cdot q + \dfrac{b}{d}$($q$ 为整数),

即 $ac = mq + b$(q 为整数),

所以 $ac \equiv b \pmod{m}$,

所以 $x \equiv c \pmod{m}$

为同余方程

$$ax \equiv b \pmod{m}$$

的一解.

(必要性)如果同余方程

$$ax \equiv b \pmod{m}$$

有解，不妨设为 $x \equiv c \pmod{m}$.

所以 $ac \equiv b \pmod{m}$，

即 $ac = mq + b$.

又因为 $(a, m) = d$，所以 $d \mid a$，$d \mid m$，因而 $d \mid b$.

定理 3.1.4 设 m 为正整数，a 为整数，$(a, m) = d$，$d \mid b$. 则同余方程

$$ax \equiv b \pmod{m}$$

恰有 d 个解.

证明：因为 $d \mid b$，所以由定理 3.1.3 知，同余方程

$$ax \equiv b \pmod{m}$$

有解. 又因为 $(a, m) = d$，所以 $d \mid a$，$d \mid m$，从而同余方程

$$\frac{a}{d} x \equiv \frac{b}{d} \pmod{\frac{m}{d}}$$

有解，即若

$$x \equiv c \pmod{m}$$

为同余方程

$$ax \equiv b \pmod{m}$$

的一个解，则

$$x \equiv c \pmod{\frac{m}{d}}$$

也是同余方程

$$\frac{a}{d} x \equiv \frac{b}{d} \pmod{\frac{m}{d}}$$

的一个解. 反之，由定理 3.1.3 的证明知，若

$$x \equiv c \pmod{\frac{m}{d}}$$

为同余方程

$$\frac{a}{d} x \equiv \frac{b}{d} \pmod{\frac{m}{d}}$$

的一个解，则
$$x \equiv c \pmod{m}$$
也是同余方程
$$ax \equiv b \pmod{m}$$
的一个解. 因此，设
$$x \equiv c \pmod{\frac{m}{d}}$$
为同余方程
$$\frac{a}{d}x \equiv \frac{b}{d} \pmod{\frac{m}{d}}$$
的唯一解，由前面的讨论知，所有形如
$$x = c + \frac{m}{d}t \quad (t = 0, \pm 1, \pm 2, \cdots),$$
的整数都满足同余方程
$$ax \equiv b \pmod{m}.$$
而这些整数对模 m 来说，可以写成
$$x \equiv c + \frac{m}{d}k \pmod{m}, (k = 0, 1, \cdots, d-1)$$
且整数 $c, c+\frac{m}{d}, \cdots, c+\frac{m}{d}(d-1)$ 对模 m 两两不同余. 因此，它们分属模 m 的 d 个不同的剩余类，所以，同余方程
$$ax \equiv b \pmod{m}$$
恰有 d 个解.

注：上述四个定理完全解决了一元一次同余方程的求解问题. 同时也给出了一种具体求解同余方程的方法——欧拉方法.

例2 求同余方程
$$7x \equiv 8 \pmod{11}$$
的所有解.

解：因为 $(7, 11) = 1$，所以由定理 3.1.2 知，同余方程

$$7x \equiv 8 \pmod{11}$$

恰有一个解

$$x \equiv 7^{\varphi(11)-1} \times 8 \pmod{11},$$

即

$$x \equiv 9 \pmod{11}.$$

例 3 求同余方程

$$40x \equiv 6 \pmod{46}$$

的所有解.

解：因为 $(40,46)=2$，且 $2 \mid 6$，所以由定理 3.1.4 知，同余方程

$$40x \equiv 6 \pmod{46}$$

恰有两个解. 先求同余方程

$$\frac{40}{2}x \equiv \frac{6}{2} \pmod{\frac{46}{2}}$$

即

$$20x \equiv 3 \pmod{23}$$

的惟一解. 由定理 3.1.2 知，同余方程

$$20x \equiv 3 \pmod{23}$$

的惟一解为

$$x \equiv 20^{\varphi(23)-1} \times 3 \pmod{23},$$

即

$$x \equiv 22 \pmod{23}.$$

所以，同余方程

$$40x \equiv 6 \pmod{46}$$

的两个解分别为

$$x \equiv 22 \pmod{46}, \quad x \equiv 45 \pmod{46}.$$

一般地，当 a 与 m 都很大时，用欧拉方法来求解一元一次同余方程的计算量往往是非常大的. 这就要求我们去寻找其他的求解

方法. 下面, 我们再介绍三种解法.

例 4 求同余方程
$$8x \equiv 9 \pmod{11}$$
与
$$9x \equiv 6 \pmod{15}$$
的所有解.

解: 因为 $(8, 11) = 1$, 所以由定理 3.1.2 知, 同余方程
$$8x \equiv 9 \pmod{11}$$
有唯一解. 由同余性质知,
$$8x \equiv 9 + 11 \equiv 20 \pmod{11},$$
因为 $(8, 11) = 1$, 所以
$$2x \equiv 5 \pmod{11}.$$
所以
$$2x \equiv 5 + 11 \equiv 16 \pmod{11}.$$
又因为 $(2, 11) = 1$, 所以
$$x \equiv 8 \pmod{11}.$$
即为所求.

因为 $(9, 15) = 3$, 且 $3 \mid 6$, 所以由定理 3.1.4 知, 同余方程
$$9x \equiv 6 \pmod{15}$$
恰有三个解.

先求同余方程
$$3x \equiv 2 \pmod 5$$
的唯一解. 显然有
$$3x \equiv 2 + 10 \equiv 12 \pmod 5,$$
$$x \equiv 4 \pmod 5,$$
所以, 原同余方程的三个解为
$$x \equiv 4 \pmod{15}, \ x \equiv 9 \pmod{15}, \ x \equiv 14 \pmod{15}.$$

例 4 的解法是依据同余的性质, 使同余方程

第三章 同余方程

$$ax \equiv b \pmod{m}$$

经过适当的变形后，而求得其解．我们称这种方法为**同余变形法**．

定理 3.1.5 若 p 为质数，a，b 为整数，$0<a<p$，则

$$x \equiv b \times (-1)^{a-1} \times \frac{(p-1)(p-2)\cdots(p-a+1)}{a!} \pmod{p}$$

为同余方程

$$ax \equiv b \pmod{p}$$

的唯一解．

证明：因为 p 为质数，a 为整数，$0<a<p$，所以 $(a,p)=1$，因而由定理 3.1.2 知，同余方程

$$ax \equiv b \pmod{m}$$

有唯一解．将

$$x \equiv b \times (-1)^{a-1} \times \frac{(p-1)(p-2)\cdots(p-a+1)}{a!} \pmod{p}$$

代入到上述同余方程，并注意到

$$(p-1)(p-2)\cdots(p-a+1) \equiv (-1)^{a-1} \times (a-1)! \pmod{p},$$

即知本定理成立．

我们称由定理 3.1.5 给出的求解同余方程

$$ax \equiv b \pmod{m}$$

的方法为**组合数法**．

例 5 求同余方程

$$7x \equiv 8 \pmod{11}$$

的所有解．

解：由例 2 知，此同余方程有唯一解．又因为 11 为质数，$0<7<11$，所以由定理 3.1.5 知，唯一解为

$$x \equiv 8 \times (-1)^{7-1} \times \frac{10 \times 9 \times 8 \times 7 \times 6 \times 5}{7!} \pmod{11},$$

经整理得

$$x \equiv 8 \times 30 \equiv 9 \pmod{11}.$$

155

最后,我们来介绍一种由我国古代数学家得出的求解同余方程
$$ax \equiv b \pmod{m}$$
的方法——"**大衍求一术**"。大衍求一术最早的完整记载见于宋代大数学家秦九韶所著的《数书九章》。秦九韶将其称为"求一术"(参看李俨著《中算史论丛》第一集:大衍求一术的过去与将来)。

大衍求一术的算法用现代数学语言来表达就是:由已知互质的整数 $m, a(m>0)$,来求整数 k,使得
$$ak \equiv 1 \pmod{m}$$
成立的一种算法。显然,由这种算法,我们立刻可得同余方程
$$ax \equiv b \pmod{m}$$
的一解,即
$$x \equiv kb \pmod{m}.$$

其具体步骤为(不妨设 $a>0$)

1. 对 a, m 实施辗转相除,即
$$a = mq_1 + r_1 (0 < r_1 \leqslant m-1),$$
$$m = r_1 q_2 + r_2 (0 < r_2 \leqslant r_1 - 1),$$
$$\cdots$$
$$r_{n-2} = r_{n-1} q_n + r_n (0 < r_n \leqslant r_{n-1} - 1),$$
$$r_{n-1} = r_n q_{n+1}.$$

因为 $(a, m)=1$,所以 $r_n=1$。由定理 1.3.3 知
$$Q_n a - P_n m = (-1)^{n-1} r_n.$$
于是
$$a[(-1)^{n-1} Q_n] + m[(-1)^n P_n] = 1,$$
所以
$$a[(-1)^{n-1} Q_n] \equiv 1 \pmod{m}.$$
其中 Q_n 可根据
$$Q_0 = 0, Q_1 = 1, Q_k = q_k Q_{k-1} + Q_{k-2},$$
求出。

2. 求出
$$x \equiv [(-1)^{n-1}Q_n] \times b \pmod{m}$$
的最简表达式.

例6 求同余方程
$$59x \equiv 179 \pmod{312}$$
的所有解.

解：因为 $(59, 312) = 1$，所以由定理 3.1.2 知，此同余方程有唯一解. 由定理 1.3.3 中的递推公式知

a	q_n	m
59	0	312
0	5	295
59	3	17
51	2	16
8	7	1
7		
1 $=r_5$		

n	1	2	3	4	5
q_n	0	5	3	2	7
Q_n	1	5	16	37	275 $=Q_5$

所以
$$x \equiv [(-1)^{5-1} \times 275] \times 179 \equiv 241 \pmod{312}.$$

以上我们介绍了四种解法. 在求解一元一次同余方程时，应根据具体情况，选用适当的解法.

习题 3.1

1. 求三个模为 20 的一次同余方程，分别使它们有唯一解，无解，有 4 个解.

2. 判断下列一次同余方程是否有解. 如果有解，求出其所有解：

(1) $7x + 4 \equiv 0 \pmod{25}$；

(2) $12x + 1 \equiv 0 \pmod{9}$；

(3) $34x \equiv 1 \pmod{51}$；

(4) $42x \equiv 8 \pmod{138}$;

(5) $174x \equiv 65 \pmod{1\,309}$.

3. 求下列一次同余方程的所有解：

(1) $3x \equiv 1 \pmod{17}$;

(2) $1\,215x \equiv 560 \pmod{2\,755}$;

(3) $47x \equiv 89 \pmod{111}$;

(4) $38x \equiv 6 \pmod{106}$;

(5) $11x \equiv 6 \pmod{13}$;

(6) $3x \equiv 5 \pmod{29}$;

(7) $5x \equiv 6 \pmod{24}$;

(8) $66x \equiv 14 \pmod{74}$.

§3.2 一次同余方程组

在上一节，我们已经看到一元一次同余方程有解的条件，在有解的条件下有多少个解，求解的方法和解的公式等问题都已能够解答．在对方程问题的研讨中，如果对于方程有解的条件，在有解的条件下有多少个解，求解的方法和解的公式等问题能够得到像对一元一次同余方程这样完满的解答，我们的目的就算达到了．本节我们讨论一元一次同余方程组，即

$$\begin{cases} x \equiv b_1 \pmod{m_1} \\ x \equiv b_2 \pmod{m_2} \\ \cdots \\ x \equiv b_k \pmod{m_k} \end{cases} \qquad (1)$$

其中 $m_1, m_2, \cdots, m_k$ 为正整数，$b_1, b_2, \cdots, b_k$ 为整数的求解问题．

定义 3.3 在一元一次同余方程组(1)中，设 $m=$

$[m_1, m_2, \cdots, m_k]$，如果整数 c 满足方程组(1)，则我们称

$$x \equiv c \pmod{m}$$

为一元一次同余方程组(1)的一个解.

显然，由定义可直接看出，方程组(1)最多有 m 个解.

为方便起见，以下我们称一元一次同余方程组为一次同余方程组.

定理 3.2.1　一次同余方程组

$$\begin{cases} x \equiv b_1 \pmod{m_1} \\ x \equiv b_2 \pmod{m_2} \end{cases} \quad (2)$$

有解的充分必要条件为：$(m_1, m_2) \mid (b_1 - b_2)$，且在有解的条件下有唯一解.

证明：（充分性）如果 $(m_1, m_2) \mid (b_1 - b_2)$，则由

$$x \equiv b_1 \pmod{m_1}$$

可知　$x = b_1 + m_1 y$.

代入到 $x \equiv b_2 \pmod{m_2}$ 中得

$$m_1 y \equiv b_2 - b_1 \pmod{m_2}$$

有 $(m_1, m_2) = d$ 个解(定理 3.1.4).

设

$$y \equiv y_0 \pmod{\frac{m_2}{d}}$$

为一次同余方程

$$\frac{m_1}{d} y \equiv \frac{b_2 - b_1}{d} \pmod{\frac{m_2}{d}}$$

的唯一解，则

$$y \equiv y_0 + \frac{m_2}{d} t \pmod{m_2} (t = 0, 1, \cdots, d-1)$$

为一次同余方程

$$m_1 y \equiv b_2 - b_1 \pmod{m_2}$$

的 d 个解，即只有整数

$$x = b_1 + m_1 y$$
$$= b_1 + m_1 y_0 + \frac{m_1 m_2}{d} t + m_1 m_2 t_1$$
$$= b_1 + m_1 y_0 + [m_1, m_2] t + [m_1, m_2] d t_1$$

(其中 $t = 0, 1, \cdots, d-1$, $t_1 = 0, \pm 1, \pm 2, \cdots$)满足一次同余方程组. 所以

$$x \equiv b_1 + m_1 y_0 \pmod{[m_1, m_2]}$$

为一次同余方程组(2)的唯一解.

(必要性)如果一次同余方程组(2)有解,设

$$x \equiv c \pmod{[m_1, m_2]}$$

为其一解,则

$$\begin{cases} c \equiv b_1 \pmod{m_1} \\ c \equiv b_2 \pmod{m_2} \end{cases}$$

所以有 $m_1 \mid (c - b_1)$,$m_2 \mid (c - b_2)$,从而$(m_1, m_2) \mid (c - b_1)$,$(m_1, m_2) \mid (c - b_2)$,因此,$(m_1, m_2) \mid (b_1 - b_2)$.

注:对于一次同余方程组(1)($k \geq 3$)来说,可先解前面两个得

$$x \equiv b_2' \pmod{[m_1, m_2]},$$

再与

$$x \equiv b_3 \pmod{m_3}$$

联立解出 $x \equiv b_3' \pmod{[m_1, m_2, m_3]}$.

如此继续下去,最后可得唯一解

$$x \equiv b_k' \pmod{[m_1, m_2, \cdots, m_k]}.$$

如果中间有一步出现无解,则一次同余方程组(1)无解.

例1 解一次同余方程组

$$\begin{cases} x \equiv 7 \pmod{10} \\ x \equiv 4 \pmod{8} \end{cases} \text{与} \begin{cases} x \equiv 5 \pmod{14} \\ x \equiv 3 \pmod{10} \end{cases}$$

解:由于$(10, 8) = 2$,而 $2 \nmid 3 (= 7 - 4)$,所以由定理 3.2.1 知,一次同余方程组

$$\begin{cases} x \equiv 7 & (\bmod\ 10) \\ x \equiv 4 & (\bmod\ 8) \end{cases}$$

无解.

由于 $(14, 10) = 2$，而 $2 \mid 2 (=5-3)$. 所以由定理 3.2.1 知，一次同余方程组

$$\begin{cases} x \equiv 5 & (\bmod\ 14) \\ x \equiv 3 & (\bmod\ 10) \end{cases}$$

有唯一解，由

$$x \equiv 5 \quad (\bmod\ 14)$$

可得

$$x = 5 + 14y.$$

代入到

$$x \equiv 3 \quad (\bmod\ 10)$$

得

$$5 + 14y \equiv 3 \quad (\bmod\ 10),$$

即

$$14y \equiv 8 \quad (\bmod\ 10).$$

显然，一次同余方程

$$7y \equiv 4 \quad (\bmod\ 5)$$

的唯一解为

$$y \equiv 2 \quad (\bmod\ 5).$$

所以，一次同余方程

$$14y \equiv 8 \quad (\bmod\ 10)$$

的两个解为

$$y \equiv 2 + \frac{m_2}{2}t \equiv 2 + 5t \quad (\bmod\ 10), (t = 0, 1).$$

所以，满足原一次同余方程组的所有整数为

$$x = 5 + 14(2 + 5t + 10t') = 5 + 28 + 5 \times 14t + 10 \times 14t'$$

其中 $t = 0, 1, t' = 0, \pm 1, \pm 2, \cdots$，所以，原一次同余方程组的唯一解为

$$x \equiv 33 \pmod{70}.$$

定理 3.2.2(孙子定理) 在一次同余方程组(1)中,设 m_1, m_2, $\cdots$, m_k 为两两互质的正整数,$m = m_1 m_2 \cdots m_k = m_i M_i$,$i = 1$, 2, $\cdots$, k,则此一次同余方程组有唯一解,且其解为

$$x \equiv M_1' M_1 b_1 + M_2' M_2 b_2 + \cdots + M_k' M_k b_k \pmod{m},$$

其中 $M_i' M_i \equiv 1 \pmod{m_i}$ ($i = 1, 2, \cdots, k$).

证明:由于当 $i \neq j (1 \leqslant i \leqslant k, 1 \leqslant j \leqslant k)$ 时,$(m_i, m_j) = 1$,所以 $(M_i, m_i) = 1$. 因此由定理 3.1.1 知,一次同余方程

$$M_i y \equiv 1 \pmod{m_i}$$

恰有一解,设为

$$y \equiv M_i' \pmod{m_i}.$$

又由于 $m = m_i M_i$,所以,当 $i \neq j (1 \leqslant i \leqslant k, 1 \leqslant j \leqslant k)$ 时,$m_j \mid M_i$,因此

$$x \equiv M_1' M_1 b_1 + M_2' M_2 b_2 + \cdots + M_k' M_k b_k$$
$$\equiv M_i' M_i b_i \equiv b_i \pmod{m_i}.$$

所以

$$x \equiv M_1' M_1 b_1 + M_2' M_2 b_2 + \cdots + M_k' M_k b_k \pmod{m}$$

为此一次同余方程组的一个解.

设 x_1,x_2 是满足此一次同余方程组的任意两个整数,则有

$$\begin{cases} x_1 \equiv b_1 \pmod{m_1} \\ x_1 \equiv b_2 \pmod{m_2} \\ \cdots \\ x_1 \equiv b_k \pmod{m_k} \end{cases} \text{与} \begin{cases} x_2 \equiv b_1 \pmod{m_1} \\ x_2 \equiv b_2 \pmod{m_2} \\ \cdots \\ x_2 \equiv b_k \pmod{m_k} \end{cases}$$

同时成立,即有

$$\begin{cases} x_1 \equiv x_2 \pmod{m_1} \\ x_1 \equiv x_2 \pmod{m_2} \\ \cdots \\ x_1 \equiv x_2 \pmod{m_k} \end{cases}$$

成立,所以 $m_i \mid (x_1 - x_2)(i=1, 2, \cdots, k)$. 因为当 $i \neq j (1 \leqslant i \leqslant k$, $1 \leqslant j \leqslant k)$ 时,$(m_i, m_j) = 1$,从而 $m \mid (x_1 - x_2)$,即
$$x_1 \equiv x_2 \pmod{m}.$$
所以,此一次同余方程有唯一解.

这个定理在国外文献和教科书中均被称为"**中国剩余定理**",并且在代数学中被广泛地推广成非常一般的形式. 我们常把这个定理称为"孙子定理",这是因为在我国古代数学著作《孙子算经》中已经提出了这种形式的问题,并且很好地解决了这一问题. 如《孙子算经》中所提出的问题之一——"物不知其数"问题就是很好的一个例子.

"今有物不知其数,三三数之剩二,五五数之剩三,七七数之剩二,问物几何?""答曰二十三".

用同余的符号,这个问题就相当于求解一次同余方程组
$$\begin{cases} x \equiv 2 \pmod{3} \\ x \equiv 3 \pmod{5} \\ x \equiv 2 \pmod{7} \end{cases}$$

《孙子算经》中所用的方法可列表如下:

表 3.2

除数	余数	最小公倍数	衍数	乘率	各总	答数	最小答数
3	2	$3 \times 5 \times 7 = 105$	5×7	2	$35 \times 2 \times 2$	$140 + 63 + 30 = 233$	$233 - 2 \times 105 = 23$
5	3		7×3	1	$21 \times 1 \times 3$		
7	2		3×5	1	$15 \times 1 \times 2$		

而定理 3.2.2 中提供的方法可列表如下:

表 3.3

除数	余数	最小公倍数	衍数	乘率	各总	答数	最小答数
m_1	b_1	$m=$ $m_1 m_2 \cdots m_k$	M_1	M_1'	$M_1 M_1' b_1$	$x \equiv$ $\sum_{i=1}^{k} M_i M_i' b_i$ $\pmod{m}$	与 x 同余的模 m 的最小非负剩余系中的数.
m_2	b_2		M_2	M_2'	$M_2 M_2' b_2$		
⋮	⋮		⋮	⋮	⋮		
m_k	b_k		M_k	M_k'	$M_k M_k' b_k$		

从上述两个表中可以看出，它们的算法是一致的．因此，我们完全可以说这个定理是孙子发明的．

例 2　求一次同余方程组

$$\begin{cases} x \equiv b_1 \pmod{5} \\ x \equiv b_2 \pmod{6} \\ x \equiv b_3 \pmod{7} \\ x \equiv b_4 \pmod{11} \end{cases}$$

的所有解．

解：由于 5，6，7，11 两两互质，所以由孙子定理知，此一次同余方程组有唯一解，此时，

$m = 5 \times 6 \times 7 \times 11 = 2310$，$M_1 = 6 \times 7 \times 11 = 462$，

$M_2 = 5 \times 7 \times 11 = 385$，$M_3 = 5 \times 6 \times 11 = 330$，

$M_4 = 5 \times 6 \times 7 = 210$．

又由

$$M_i' M_i \equiv 1 \pmod{m_i} \quad (1 \leqslant i \leqslant 4),$$

可知，$M_1' = 3$，$M_2' = 1$，$M_3' = 1$，$M_4' = 1$，所以

$$x \equiv 3 \times 462 b_1 + 385 b_2 + 330 b_3 + 210 b_4 \pmod{2310}$$

即为此一次同余方程组的唯一解．

例 3　（韩信点兵）有兵四千多，若列成五行纵队，则末行一

人;成六行纵队,则末行五人;成七行纵队,则末行四人;成十一行纵队,则末行十人. 求兵数.

解:设兵数为 x,则依题意知,$4\,000 < x < 5\,000$. 由例 2,取 $b_1=1$,$b_2=5$,$b_3=4$,$b_4=10$,则

$$x \equiv 3 \times 462 \times 1 + 385 \times 5 + 330 \times 4 + 210 \times 10$$
$$\equiv 6\,731 \equiv 2\,111 \pmod{2\,310},$$

所以

$$4\,000 < 2\,111 + 2\,310t < 5\,000 \quad (t = 0, 1, 2, \cdots).$$

经计算后知,$x = 4\,421$. 所以,兵数为 4 421 人.

孙子定理的重要条件是 $m_1, m_2, \cdots, m_k$ 两两互质,当它们不是两两互质时,就要设法转化成两两互质.

定理 3.2.3 设 m 为正整数. 且其标准分解式为 $m = p_1^{\alpha_1} p_2^{\alpha_2} \cdots p_s^{\alpha_s}$,其中 $p_1 < p_2 < \cdots < p_s$,p_i 为质数 ($1 \leq i \leq s$). 则一次同余方程

$$x \equiv a \pmod{m} \tag{1}$$

与一次同余方程组

$$\begin{cases} x \equiv a \pmod{p_1^{\alpha_1}} \\ x \equiv a \pmod{p_2^{\alpha_2}} \\ \cdots \\ x \equiv a \pmod{p_s^{\alpha_s}} \end{cases} \tag{2}$$

等价.

证明:设 c 为任意一个满足(1)式的整数,则

$$c \equiv a \pmod{m}.$$

即 $m \mid (c-a)$,所以 $p_i^{\alpha_i} \mid (c-a)$ ($1 \leq i \leq s$),即

$$c \equiv a \pmod{p_i^{\alpha_i}} \quad (1 \leq i \leq s),$$

所以,c 满足(2)式.

反之,设 c 为任意一个满足(2)式的整数.

则
$$c \equiv a \pmod{p_i^{\alpha_i}} \quad (1 \leqslant i \leqslant s),$$
所以 $p_i^{\alpha_i} \mid (c-a)(1 \leqslant i \leqslant s)$,所以 $p_1^{\alpha_1} p_2^{\alpha_2} \cdots p_s^{\alpha_s} = m$ 整除 $(c-a)$.
即
$$c \equiv a \pmod{m}.$$

定理 3.2.4 设 p 为质数,且 $\alpha \geqslant \beta$,则一次同余方程组
$$\begin{cases} x \equiv b_1 \pmod{p^{\alpha}} \\ x \equiv b_2 \pmod{p^{\beta}} \end{cases}$$
的解就是一次同余方程
$$x \equiv b_1 \pmod{p^{\alpha}}$$
的解,即在有解的条件下它们等价.

证明:显然,若整数 c 满足一次同余方程组
$$\begin{cases} x \equiv b_1 \pmod{p^{\alpha}} \\ x \equiv b_2 \pmod{p^{\beta}} \end{cases}$$
则整数 c 也满足一次同余方程
$$x \equiv b_1 \pmod{p^{\alpha}}.$$

反之,设整数 c 满足一次同余方程
$$x \equiv b_1 \pmod{p^{\alpha}},$$
即
$$c \equiv b_1 \pmod{p^{\alpha}}.$$
所以,$p^{\alpha} \mid (b_1 - c)$,而由 $\alpha \geqslant \beta$ 知,$p^{\beta} \mid (b_1 - c)$,即
$$c \equiv b_1 \pmod{p^{\beta}}.$$

又若一次同余方程组
$$\begin{cases} x \equiv b_1 \pmod{p^{\alpha}} \\ x \equiv b_2 \pmod{p^{\beta}} \end{cases}$$
有解,则 $(p^{\alpha}, p^{\beta}) \mid (b_1 - b_2)$.而由 $\alpha \geqslant \beta$ 知,$(p^{\alpha}, p^{\beta}) = p^{\beta}$,所以,$p^{\beta} \mid (b_1 - b_2)$,即

$$b_1 \equiv b_2 \pmod{p^\beta},$$

所以

$$c \equiv b_2 \pmod{p^\beta}.$$

这说明,在一次同余方程组

$$\begin{cases} x \equiv b_1 \pmod{p^\alpha} \\ x \equiv b_2 \pmod{p^\beta} \end{cases}$$

有解的条件下,一次同余方程

$$x \equiv b_1 \pmod{p^\alpha}$$

的解就是一次同余方程

$$x \equiv b_2 \pmod{p^\alpha}$$

的解,因而就是一次同余方程组的解.

例 4 求一次同余方程组

$$\begin{cases} x \equiv 2 \pmod{35} \\ x \equiv 9 \pmod{14} \\ x \equiv 7 \pmod{20} \end{cases}$$

的所有解.

解:显然,由于 35,14,20 不两两互质,所以不能直接使用孙子定理.但由定理 3.2.3 知,此一次同余方程组与一次同余方程组

$$\begin{cases} x \equiv 2 \pmod{5} \\ x \equiv 2 \pmod{7} \\ x \equiv 9 \pmod{7} \\ x \equiv 9 \pmod{2} \\ x \equiv 7 \pmod{4} \\ x \equiv 7 \pmod{5} \end{cases}$$

等价. 显然,去掉相同的一次同余方程后. 此一次同余方程组又与一次同余方程组

$$\begin{cases} x \equiv 2 \pmod{5} \\ x \equiv 2 \pmod{7} \\ x \equiv 9 \pmod{2} \\ x \equiv 7 \pmod{2^2} \end{cases}$$

等价. 由于 $(2^2, 2) = 2$ 整除 $(9-7)$. 所以由定理 3.2.4 知此一次同余方程组又与一次同余方程组

$$\begin{cases} x \equiv 2 \pmod{5} \\ x \equiv 2 \pmod{7} \\ x \equiv 7 \pmod{4} \end{cases}$$

等价. 此时, 我们注意到 5, 7, 4 两两互质. 所以, 由孙子定理知, 原一次同余方程组有唯一解. 因 $m = 5 \times 7 \times 4 = 140$, $M_1 = 7 \times 4 = 28$, $M_2 = 5 \times 4 = 20$, $M_3 = 5 \times 7 = 35$. 而由

$$M_i' M_i \equiv 1 \pmod{m_i} \quad (1 \leqslant i \leqslant 3)$$

知 $M_1' = 2$, $M_2' = 6$, $M_3' = 3$, 所以

$$x \equiv 2 \times 28 \times 2 + 6 \times 20 \times 2 + 3 \times 35 \times 7$$
$$\equiv 1\,087 \equiv 107 \pmod{140}$$

为原同余方程组的唯一解.

显然, 由上面的讨论我们也可看出原一次同余方程组还与下列一次同余方程组等价.

$$\begin{cases} x \equiv 2 \pmod{5} \\ x \equiv 2 \pmod{7} \\ x \equiv 3 \pmod{4} \end{cases} \quad \begin{cases} x \equiv 2 \pmod{35} \\ x \equiv 3 \pmod{4} \end{cases}$$

$$\begin{cases} x \equiv 2 \pmod{7} \\ x \equiv 7 \pmod{20} \end{cases}$$

所以, 在求解此类一次同余方程组时, 应采取尽量减少一次同余方程组中一次同余方程的个数, 并使每个同余方程的余数 b_i 的绝对值要小于模 m_i, 以达到简化运算的目的. 如我们用一次同余方程组

$$\begin{cases} x \equiv 2 \pmod{7} \\ x \equiv 7 \pmod{20} \end{cases}$$

求解原一次同余方程组时的运算量就要比用例 4 中的一次同余方程组的运算量小的多. 这一点, 请读者自己验算.

习 题 3.2

1. 判断下列一次同余方程组是否有解:

(1) $\begin{cases} x \equiv 9 \pmod{25} \\ x \equiv 7 \pmod{10} \end{cases}$ (2) $\begin{cases} x \equiv 4 \pmod{9} \\ x \equiv 1 \pmod{6} \end{cases}$

(3) $\begin{cases} x \equiv 1 \pmod{12} \\ x \equiv 7 \pmod{30} \\ x \equiv 7 \pmod{15} \end{cases}$ (4) $\begin{cases} x \equiv -5 \pmod{7} \\ x \equiv -4 \pmod{9} \\ x \equiv -10 \pmod{11} \\ x \equiv -3 \pmod{6} \end{cases}$

2. a 取何值时, 一次同余方程组

$$\begin{cases} x \equiv 5 \pmod{18} \\ x \equiv 8 \pmod{21} \\ x \equiv a \pmod{35} \end{cases}$$

有解, 并求其解.

3. 求解下列一次同余方程组:

(1) $\begin{cases} x \equiv 3 \pmod{7} \\ x \equiv 5 \pmod{11} \end{cases}$ (2) $\begin{cases} x \equiv 6 \pmod{11} \\ x \equiv 7 \pmod{18} \end{cases}$

(3) $\begin{cases} x \equiv 1 \pmod{3} \\ x \equiv 3 \pmod{5} \\ x \equiv 2 \pmod{7} \end{cases}$ (4) $\begin{cases} x \equiv 2 \pmod{9} \\ x \equiv 5 \pmod{7} \\ x \equiv 3 \pmod{5} \end{cases}$

(5) $\begin{cases} x\equiv 8 & (\mathrm{mod}\ 15) \\ x\equiv 3 & (\mathrm{mod}\ 10) \\ x\equiv 5 & (\mathrm{mod}\ 8) \\ x\equiv 1 & (\mathrm{mod}\ 7) \end{cases}$
(6) $\begin{cases} x\equiv 3 & (\mathrm{mod}\ 15) \\ x\equiv 8 & (\mathrm{mod}\ 20) \\ x\equiv 24 & (\mathrm{mod}\ 36) \\ x\equiv 38 & (\mathrm{mod}\ 50) \end{cases}$

4. 求解下列各题：

(1) 用七数剩二，用八数剩三，用九数剩一，问本数；

(2) 用二数余一，用五数余三，用七数余二，用九数余三，问本数；

(3) 用十一数余三，用十二数余二，用十三数余一，问本数.

5. 求相邻的四个整数，它们依次可被 2^2, 3^2, 5^2, 7^2 整除.

6. 求模 11 的一个完全剩余系，使其中每个数被 2，3，5，7 除后的余数分别为 1，-1，1，-1.

第四章 不定方程

所谓**不定方程**，是指未知数的个数多于方程的个数且未知数受到某种限制的方程.

不定方程是数论中最古老的一个分支，也是数论中一个十分重要的研究课题. 我国古代对不定方程的研究很早，且研究的内容也极为丰富，在世界数学史上占有不可忽视的地位. 例如《周髀算经》提到的商高定理"勾三股四弦五"，《九章算术》中的"五家共井"问题，《张丘建算经》中的"百钱买百鸡"问题，《孙子算经》中的"物不知其数"问题，等等，堪称中外驰名，影响甚远. 在公元三世纪初，古希腊数学家丢番图（Diophantus）曾系统研究了某些不定方程问题，因此不定方程也叫做丢番图方程.

§4.1 一次不定方程

定义 4.1 形如

$$a_1x_1 + a_2x_2 + \cdots + a_nx_n = N$$

的方程，称为 $n(n \geq 2)$ 元一次不定方程．这里 $a_1, a_2, \cdots, a_n$ 和 N 是给定整数，并且 $a_1 a_2 \cdots a_n \neq 0$．

求不定方程的解的过程称为解不定方程．今后，如无特别声明，提到解不定方程，都是指求其整数解全体所成的集合——解集．

1. 二元一次不定方程

最简单的不定方程是二元一次不定方程
$$ax + by = c.$$
这里主要讨论二元一次不定方程有解的条件，以及在有解的情况下如何求出它的全部解．

定理 4.1.1 二元一次不定方程
$$ax + by = c \tag{1}$$
有解的充分必要条件是：$(a, b) \mid c$．

证明：（必要性）若方程（1）有解，设 $x = x_0$，$y = y_0$，则 $ax_0 + by_0 = c$．

因为 $(a, b) \mid a$，$(a, b) \mid b$，所以 $(a, b) \mid c$．必要性得证．

（充分性）若 $(a, b) \mid c$，设 $d = (a, b)$，则 $c = dc_1$，c_1 是整数，由最大公约数性质可知，存在整数 s, t，使得
$$as + bt = d.$$
上式两边同乘以 c_1，有
$$a(sc_1) + b(tc_1) = dc_1,$$
令 $x_0 = sc_1$，$y_0 = tc_1$，即得
$$ax_0 + by_0 = c.$$
所以方程（1）有解 $\begin{cases} x = x_0 \\ y = y_0 \end{cases}$

充分性得证．

判断出一个二元一次不定方程有解以后，如何求出它的一切整数解呢？我们有下面的结论．

第四章 不定方程

定理 4.1.2 如果二元一次不定方程

$$ax + by = c \qquad (1)$$

有整数解 $\begin{cases} x = x_0 \\ y = y_0 \end{cases}$,并且 $(a, b) = d$,$a = a_1 d$,$b = b_1 d$,那么此方程的一切解可以表示成

$$\begin{cases} x = x_0 + b_1 t \\ y = y_0 - a_1 t \end{cases} (t \text{ 是整数}). \qquad (2)$$

证明:先证 (2) 是 (1) 的解.

因为 x_0,y_0 是 (1) 的解,所以 $ax_0 + by_0 = c$. $\qquad (3)$

将 (2) 代入 (1),有

$$\begin{aligned}
ax + by &= a(x_0 + b_1 t) + b(y_0 - a_1 t) \\
&= ax_0 + by_0 + (ab_1 - a_1 b)t \\
&= c + (a_1 b_1 - a_1 b_1)dt \\
&= c.
\end{aligned}$$

所以 (2) 是 (1) 的解.

下面证明 (2) 包含了 (1) 的全部解.

设 x_1,y_1 是 (1) 的任一解,则

$$ax_1 + by_1 = c. \qquad (4)$$

(4)−(3) 得

$$a(x_1 - x_0) + b(y_1 - y_0) = 0.$$

从而有

$$a(x_1 - x_0) = -b(y_1 - y_0).$$

因为 $a = a_1 d$,$b = b_1 d$,$d = (a, b) \neq 0$,

所以

$$a_1(x_1 - x_0) = -b_1(y_1 - y_0). \qquad (5)$$

根据 $(a_1, b_1) = 1$,可知 $b_1 \mid (x_1 - x_0)$.

由此推出 $x_1 - x_0 = b_1 t$ (t 是整数),

即 $x_1 = x_0 + b_1 t$.

从而有
$$a_1(x_0+b_1t-x_0)=-b_1(y_1-y_0).$$
所以
$$y_1=y_0-a_1t,$$
即 $\begin{cases} x_1=x_0+b_1t \\ y_1=y_0-a_1t \end{cases}$ (t 是整数).

这表明（1）的任一解均可表成（2）的形式.

定理 4.1.2 中给出的 $\begin{cases} x=x_0+b_1t \\ y=y_0-a_1t \end{cases}$ (t 是整数) 称为二元一次不定方程的**通解公式**，相应地，x_0；y_0 称为方程的一个**特解**.

实际上，由于 t 可以取任意整数，因此二元一次不定方程的通解也可写成
$$\begin{cases} x=x_0-b_1t \\ y=y_0+a_1t \end{cases} \quad (t\text{ 是整数})$$
的形式.

由定理 4.1.2 可知，解二元一次不定方程的关键是寻求特解. 特解的求法可根据不同情况决定. 较简单的方程可用观察法直接求出特解，较复杂的方程可以通过变量替换，使系数的绝对值逐步缩小，直到用观察法得到它的特解为止，有些较复杂的方程也可用辗转相除法，追根溯源求特解.

例 1 解不定方程 $525x+231y=42$.

解：因为 $(525,231)=21$，$21 \mid 42$，所以此方程有解.

用 21 除原方程，得
$$25x+11y=2. \qquad (1)$$

先用观察法求出方程 $25x+11y=1$ 的特解 $\begin{cases} x_0'=4 \\ y_0'=-9 \end{cases}$，所以方程（1）的特解为 $\begin{cases} x_0=4\times 2 \\ y_0=-9\times 2 \end{cases}$，即 $\begin{cases} x_0=8 \\ y_0=-18 \end{cases}$

第四章 不定方程

方程（1）的通解为 $\begin{cases} x = 8 + 11t \\ y = -18 - 25t \end{cases}$ （t 是整数）．

例 2　解不定方程 $37x - 107y = 25$．

解：因为 $(37, 107) = 1$，$1 \mid 25$，所以此方程有解．

用辗转相除法求特解：

$$107 = 37 \times 2 + 33,$$
$$37 = 33 \times 1 + 4,$$
$$33 = 4 \times 8 + 1.$$

从最后一个式子向上逆推，得到

$$37 \times (-26) - 107 \times (-9) = 1,$$

所以 $37 \times (-26 \times 25) - 107 \times (-9 \times 25) = 25$．

由此得到一个特解 $\begin{cases} x_0 = -26 \times 25 \\ y_0 = -9 \times 25 \end{cases}$ 即 $\begin{cases} x_0 = -650 \\ y_0 = -225 \end{cases}$

方程的通解为 $\begin{cases} x = -650 + 107t \\ y = -225 + 37t \end{cases}$ （t 是整数）．

在许多实际问题中，对不定方程的解集有更多的限制，往往需要求出方程的正（或非负）整数解．

求二元一次不定方程正整数解的一般步骤：

（1）求出通解；

（2）解不等式组 $\begin{cases} x_0 + b_1 t > 0 \\ y_0 - a_1 t > 0 \end{cases}$，求出 t 的取值范围；

（3）根据 t 的取值范围，求出 t 的相应的整数值，从而得到不定方程的正整数解．

例 3　求不定方程 $7x + 19y = 213$ 的正整数解．

解：因为 $(7, 19) = 1$，$1 \mid 23$，所以此方程有解．下面采用逐渐缩小系数的方法求特解．

由于 x 的系数的绝对值最小，因此将原方程化为

$$x = \frac{213-19y}{7} = 30-2y+\frac{3-5y}{7},$$

因为 x, y 是整数,所以

$$\frac{3-5y}{7}=m$$

也是整数,即 $5y+7m=3$.

用类似的办法得

$$y=\frac{3-7m}{5}=-m+\frac{3-2m}{5},$$

设 $\frac{3-2m}{5}=n$,有 $2m+5n=3$.

显然 $\begin{cases}m_0=-1\\n_0=1\end{cases}$ 是上式的一个特解. 由此逆推,得 $\begin{cases}x_0=25\\y_0=2\end{cases}$

所以原方程的通解为 $\begin{cases}x=25-19t\\y=2+7t\end{cases}$ (t 是整数).

由于 $\begin{cases}x>0\\y>0\end{cases}$ 即 $\begin{cases}25-19t>0\\2+7t>0\end{cases}$,解不等式组,有 $-\frac{2}{7}<t<\frac{25}{19}$. 因此 $t=0$, 1.

于是所求正整数解为 $\begin{cases}x=25\\y=2\end{cases}$ 和 $\begin{cases}x=6\\y=9\end{cases}$

2. 多元一次不定方程

定理 4.1.1 的结论可以推广到多元一次不定方程.

定理 4.1.3 n 元一次不定方程

$$a_1x_1+a_2x_2+\cdots+a_nx_n=N \qquad (1)$$

(其中 a_1, a_2, $\cdots$, a_n 都是非零整数,N 是整数,$n \geq 2$) 有解的充分必要条件是:

$$(a_1, a_2, \cdots, a_n) \mid N.$$

证明:设 $(a_1, a_2, \cdots, a_n)=d$.

(必要性)若(1)有解,即有 n 个整数 x_1', x_2', $\cdots$, x_n' 满足等式
$$a_1 x_1' + a_2 x_2' + \cdots + a_n x_n' = N.$$
则根据 $d \mid a_1$, $d \mid a_2$, $\cdots$, $d \mid a_n$, 有 $d \mid N$. 必要性得证.

(充分性)若 $d \mid N$, 下面用数学归纳法证明(1)有解.

当 $n=2$ 时, 由定理 4.1.1 可知(1)有解.

假定定理 4.1.3 的条件对于 $n-1$ 元一次不定方程是充分的, 我们证明此条件对于 n 元一次不定方程也是充分的.

设 $d_2 = (a_1, a_2)$, 则 $d = (d_2, a_3, a_4, \cdots, a_n)$. 因为 $d \mid N$, 由归纳假设, 不定方程
$$d_2 t_2 + a_3 x_3 + a_4 x_4 + \cdots + a_n x_n = N$$
有解, 设其一解为 t_2', x_3', x_4', $\cdots$, x_n'. 再考察方程
$$a_1 x_1 + a_2 x_2 = d_2 t_2'.$$
由定理 4.1.1 及 $d_2 = (a_1, a_2)$ 可知, 上式也有解, 设其一解为 x_1', x_2', 则
$$a_1 x_1' + a_2 x_2' + a_3 x_3' + \cdots + a_n x_n'$$
$$= d_2 t_2' + a_3 x_3' + \cdots + a_n x_n'$$
$$= N.$$
故 x_1', x_2', $\cdots$, x_n' 是(1)的解. 充分性得证.

下面的定理表明:一般的 n 元一次不定方程可化为解由 $n-1$ 个二元一次不定方程构成的方程组, 且它的通解中恰有 $n-1$ 个参数.

定理 4.1.4 设 $d_1 = a_1$, $d_2 = (d_1, a_2) = (a_1, a_2)$, $d_3 = (d_2, a_3) = (a_1, a_2, a_3)$, $\cdots$, $d_n = (d_{n-1}, a_n) = (a_1, a_2, \cdots, a_n)$, 那么 $n(n > 2)$ 元一次不定方程
$$a_1 x_1 + a_2 x_2 + \cdots + a_n x_n = N \qquad (1)$$
等价于由以下二元一次不定方程构成的方程组:

$$\begin{cases} d_1 x_1 + a_2 x_2 = d_2 t_2 \\ d_2 t_2 + a_3 x_3 = d_3 t_3 \\ \cdots \\ d_{n-2} t_{n-2} + a_{n-1} x_{n-1} = d_{n-1} t_{n-1} \\ d_{n-1} t_{n-1} + a_n x_n = N \end{cases} \quad (2)$$

这里 t_2, t_3, $\cdots$, t_{n-1} 是参数 ($t_i \in \mathbf{Z}$, $i = 2, 3, \cdots, n-1$).

证明：将方程组（2）的 $n-1$ 个方程相加，就可以得到方程（1），所以方程组（2）的解一定是方程（1）的解.

反之，如果 x_1', x_2', $\cdots$, x_n' 是方程（1）的解，取

$$t_i' = \frac{1}{d_i}(a_1 x_1' + a_2 x_2' + \cdots + a_i x_i') \quad (2 \leqslant i \leqslant n-1),$$

把 x_1', x_2' 代入方程组（2）的第一个方程，得到

$$d_1 x_1' + a_2 x_2' = d_2 \left[\frac{1}{d_2}(a_1 x_1' + a_2 x_2')\right] = d_2 t_2'.$$

所以 x_1', x_2' 是方程组（2）的第一个方程的解. 类似地，把 t_i' 和 x_{i+1}' 代入方程组（2）的第 i ($2 \leqslant i \leqslant n-2$) 个方程，得到

$$d_i t_i' + a_{i+1} x_{i+1}'$$
$$= d_i \left[\frac{1}{d_i}(a_1 x_1' + a_2 x_2' + \cdots + a_i x_i')\right] + a_{i+1} x_{i+1}'$$
$$= a_1 x_1' + a_2 x_2' + \cdots + a_{i+1} x_{i+1}'$$
$$= d_{i+1} t_{i+1}'.$$

所以 t_i', x_{i+1}' 是方程组（2）的第 i ($2 \leqslant i \leqslant n-2$) 个方程的解. 最后把 t_{n-1}' 和 x_n' 代入方程组（2）的最后一个方程，得到

$$d_{n-1} t_{n-1}' + a_n x_n'$$
$$= d_{n-1}\left[\frac{1}{d_{n-1}}(a_1 x_1' + a_2 x_2' + \cdots + a_{n-1} x_{n-1}')\right] + a_n x_n'$$
$$= a_1 x_1' + a_2 x_2' + \cdots + a_n x_n'$$
$$= N.$$

所以 t_{n-1}', x_n' 是方程组（2）的最后一个方程的解.

综上所述，x_1'，x_2'，$\cdots$，x_n' 是方程组（2）的解.

定理 4.1.4 给出了解 $n(n>2)$ 元一次不定方程的一种方法. 下面以例 4 为例说明.

例 4 解不定方程 $42x+28y-6z+5w=1$.

解：设 $d_1=42$，$d_2=(42,28)=14$，$d_3=(14,6)=2$，$d_4=(2,5)=1$，所以此方程有解.

将原方程化为

$$\begin{cases} 42x+28y=14t_1 \\ 14t_1-6z=2t_2 \\ 2t_2+5w=1 \end{cases}$$

这里 t_1，t_2 是参数，分别解三个二元一次不定方程，得到

$$\begin{cases} x=t_1+2k_1 \\ y=-t_1-3k_1 \end{cases} \begin{cases} t_1=t_2+3k_2 \\ z=2t_2+7k_2 \end{cases} \begin{cases} t_2=-2+5k_3 \\ w=1-2k_3 \end{cases}$$

消去 t_1，t_2，得到原方程的通解：

$$\begin{cases} x=-2+2k_1+3k_2+5k_3 \\ y=2-3k_1-3k_2-5k_3 \\ z=-4+7k_2+10k_3 \\ w=1-2k_3 \end{cases} \quad (k_1,k_2,k_3 \text{ 是整数}).$$

缩小系数法同样适用于多元一次不定方程.

例 5 解不定方程 $15x+10y+6z=61$.

解：z 的系数的绝对值最小，原方程化为

$$z=\frac{1}{6}(-15x-10y+61)$$

$$=-2x-2y+10+\frac{1}{6}(-3x+2y+1). \quad (1)$$

因为 x，y，z 都是整数，所以

$$\frac{1}{6}(-3x+2y+1)=t_1$$

也是整数，于是得到系数较小的不定方程

$$3x - 2y + 6t_1 = 1.$$

用类似办法，得

$$y = \frac{1}{2}(3x + 6t_1 - 1)$$
$$= x + 3t_1 + \frac{1}{2}(x - 1).$$

设 $\frac{1}{2}(x-1) = t_2$，有

$$x = 2t_2 + 1.$$

反推上去，依次解出

$$y = x + 3t_1 + t_2$$
$$= 1 + 3t_1 + 3t_2,$$
$$z = -2x - 2y + 10 + t_1$$
$$= 6 - 5t_1 - 10t_2.$$

所以原方程的通解是

$$\begin{cases} x = 1 + 2t_2 \\ y = 1 + 3t_1 + 3t_2 \\ z = 6 - 5t_1 - 10t_2 \end{cases} \quad (t_1, t_2 \text{ 是整数}).$$

例 6 将一根 30 米长的钢料，截割成规格分别为 2 米、3 米和 8 米的较短的料，每种规格的料至少有 1 根，问怎样截法才能使原来的钢料恰好用完？

解：设 2 米、3 米、8 米的料分别截 x, y, z 根，根据题意有：
$$2x + 3y + 8z = 30.$$
因为每种规格的料至少 1 根，所以应求方程的正整数解.

与解二元一次不定方程一样，求三元一次不定方程的正整数解，可以先求它的通解，通过解一个二元一次不等式组，得到通解中两个参数的取值范围，从而找出原不定方程相应的正整数解，但解二元一次不等式组比较麻烦，这里运用逐次尝试法，先确定其中一个未知数的取值范围，然后对所取正整数值逐一试验求解.

首先确定系数最大的未知数 z 的取值范围.

因为 x,y,z 的最小值为 1,所以
$$1 \leqslant z \leqslant \left[\frac{30-2-3}{8}\right] = 3,$$
由此可知,z 可能取的值是 1,2,3.

(1) 当 $z=1$ 时,原方程化为
$$2x + 3y = 22.$$

我们可以求此方程的通解,然后通过解不等式组求 t 值,进而得到相应的正整数解. 下面给出另一种解法.

由 $x = \dfrac{22-3y}{2}$ 可知,y 是偶数,且 $2 \leqslant y \leqslant 6$,所以此方程有 3 组正整数解:

$$\begin{cases} x=8 \\ y=2 \end{cases} \quad \begin{cases} x=5 \\ y=4 \end{cases} \quad \begin{cases} x=2 \\ y=6 \end{cases}$$

(2) 当 $z=2$ 时,原方程化为
$$2x + 3y = 14.$$

同理,由 $x = \dfrac{14-3y}{2}$ 可知,此方程有 2 组正整数解:

$$\begin{cases} x=4 \\ y=2 \end{cases} \quad \begin{cases} x=1 \\ y=4 \end{cases}$$

(3) 当 $z=3$ 时,原方程化为
$$2x + 3y = 6.$$

由 $x = \dfrac{6-3y}{2}$ 可知,此方程无正整数解.

综上所述,原方程共有 5 组正整数解:

x	8	5	2	4	1
y	2	4	6	2	4
z	1	1	1	2	2

答：为使原来的钢料恰好用完，共有 5 种截法：

① 2 米的 8 根，3 米的 2 根，8 米的 1 根；
② 2 米的 5 根，3 米的 4 根，8 米的 1 根；
③ 2 米的 2 根，3 米的 6 根，8 米的 1 根；
④ 2 米的 4 根，3 米的 2 根，8 米的 2 根；
⑤ 2 米的 1 根，3 米的 4 根，8 米的 2 根．

3. 一次不定方程组

解不定方程组和解方程组一样，可通过消元的方法，将不定方程组化为不定方程再求解．这里我们主要讨论未知数的个数比方程的个数多 1 的不定方程组．通过消元，总可以将这样的不定方程组化为二元一次不定方程来求解．

例 7 我国古代"百鸡问题"：鸡翁一，值钱五；鸡母一，值钱三；鸡雏三，值钱一．百钱买百鸡，问鸡翁、母、雏各几何？

解：设 x, y, z 分别表示鸡翁、鸡母、鸡雏的个数，根据题意，得方程组

$$\begin{cases} x+y+z=100 & (1) \\ 5x+3y+\dfrac{1}{3}z=100 & (2) \end{cases}$$

消去 z，得

$$7x+4y=100.$$

解得

$$\begin{cases} x=4t \\ y=25-7t \end{cases} (t\text{ 为整数}).\quad\begin{matrix}(3)\\(4)\end{matrix}$$

将（3）（4）代入（1），得

$$z=75+3t.$$

由题意可知，本题需求的是非负整数解，所以

$$\begin{cases} x = 4t \geqslant 0 \\ y = 25 - 7t \geqslant 0 \\ z = 75 + 3t \geqslant 0 \end{cases}$$

解得

$$0 \leqslant t \leqslant \frac{25}{7}.$$

即 t 可取 0，1，2，3 四个数.

故本题有四组解答：

$$\begin{cases} x=0 \\ y=25 \\ z=75 \end{cases} \quad \begin{cases} x=4 \\ y=18 \\ z=78 \end{cases} \quad \begin{cases} x=8 \\ y=11 \\ z=81 \end{cases} \quad \begin{cases} x=12 \\ y=4 \\ z=84 \end{cases}$$

答：有四种买法：①鸡翁 0 只，鸡母 25 只，鸡雏 75 只；②鸡翁 4 只，鸡母 18 只，鸡雏 78 只；③鸡翁 8 只，鸡母 11 只，鸡雏 81 只；④鸡翁 12 只，鸡母 4 只，鸡雏 84 只.

值得说明的是，在我国古代算书《张丘建算经》中，"百鸡问题"的答案只给出了上述答案中的后三种，即要求三种鸡都要买. 我们这里考虑到某种鸡不买也属于一种特殊情况，故给出了四种答案.

例 8 解不定方程组

$$\begin{cases} 2x - y - 2z + 4w = 10 & (1) \\ 4x + y - 4z - 2w = -14 & (2) \\ 3x + 4y - z + w = 12 & (3) \end{cases}$$

解：消去 w，得

$$\begin{cases} 10x + y - 10z = -18 & (4) \\ 10x + 9y - 6z = 10 & (5) \end{cases}$$

再消去 x，得

$$2y + z = 7. \quad (6)$$

(6) 的通解为

$$\begin{cases} y = t_1 \\ z = 7 - 2t_1 \end{cases} \quad (t_1 \text{ 为整数}). \quad \begin{array}{l}(7)\\(8)\end{array}$$

183

将(7)(8)代入(4),得
$$10x + 21t_1 = 52. \qquad (9)$$
(9)的通解为
$$\begin{cases} x = 1 + 21t_2 \\ t_1 = 2 - 10t_2 \end{cases} (t_2 \text{ 为整数}). \qquad \begin{matrix}(10)\\(11)\end{matrix}$$

将(1)代入(7)(8),得
$$\begin{cases} y = 2 - 10t_2 \\ z = 3 + 20t_2 \end{cases} (t_2 \text{ 为整数}). \qquad \begin{matrix}(12)\\(13)\end{matrix}$$

将(10)(12)(13)代入(3),得
$$w = 4 - 3t_2.$$
所以不定方程组的解为
$$\begin{cases} x = 1 + 21t_2 \\ y = 2 - 10t_2 \\ z = 3 + 20t_2 \\ w = 4 - 3t_2 \end{cases} (t_2 \text{ 为整数}).$$

对于一般地由 m 个 n 元一次不定方程组成的方程组($n>m\geq 2$),我们可以从中消去 $m-1$ 个未知数,从而得到一个 $n-m+1$ 个未知数的多元一次不定方程. 当这 $n-m+1$ 个未知数的值求出后,其余的 $m-1$ 个未知数的值也就可以相应地求出了.

习 题 4.1

1. 解下列不定方程:
(1) $3x+5y=11$;
(2) $2x+3y=18$;
(3) $3x+5y=1\,306$;
(4) $903x+731y=1\,106$;
(5) $x-2y-3z=7$;
(6) $5x-3y+2z=4$;
(7) $25x-13y+7z=4$;
(8) $4x+10y+14z+6w=20$.

2. 求下列不定方程的正整数解:

(1) $5x+7y=41$; (2) $7x+3y=123$;
(3) $111x-321y=75$; (4) $2x+3y+5z=15$;
(5) $3x+2y+8z=40$; (6) $7x+8y+10z+12w=62$.

3. 解下列不定方程组：

(1) $\begin{cases} x+y+z=94 \\ x+8y+50z=87 \end{cases}$
(2) $\begin{cases} 3x+7y=2 \\ 2x-5y+10z=8 \end{cases}$

(3) $\begin{cases} x+2y+3z=10 \\ x-2y+5z=4 \end{cases}$
(4) $\begin{cases} 2x+3y=53 \\ 4y+5z=104 \\ 6z+7w=135 \end{cases}$

4. 求下列不定方程组的正整数解：

(1) $\begin{cases} 2x+y+z=100 \\ 3x+5y+15z=270 \end{cases}$
(2) $\begin{cases} x+y+z=31 \\ x+2y+3z=41 \end{cases}$

5. 求方程 $23\times 2^x+17\times 3^y=2113$ 的正整数解.

6. 20 世纪有这样的年份，这个年份减去 12 等于它各个数字和的 76 倍，求这个年份.

7. "物不知其数"：今有物不知其数，三三数之余二，五五数之余三，七七数之余二，问物几何？

8. "问数"：二数余一，五数余二，七数余三，九数余四，问本数.

9. "百蛋题"：一百钱买一百只蛋，鹅蛋、鸭蛋、鸡蛋都有. 鹅蛋五钱一个，鸭蛋三钱一个，鸡蛋半钱一个. 问一百只蛋中有鹅蛋、鸭蛋、鸡蛋各几只？

10. 在一次数学竞赛中，共出了 A、B、C 三道题，有 25 个学生参加竞赛，每个学生至少解决了其中一个问题. 未解决 A 题的学生中，解出 B 题的人数等于解出 C 题人数的两倍；解出 A 题的学生中，只解出 A 题的比除解出 A 题外还同时解出其他问题的人数多 1；另外，只解出一题的学生中有一半人未解出 A 题. 问有多少学生只解出了 B 题？

§4.2 商高不定方程

公元前 1100 多年,我国古代数学家商高提出了关于直角三角形的"勾广三,股修四,径隅五"("勾三,股四,弦五"的原始提法)的著名论断,并载于《周髀算经》. 这实际上给出了不定方程

$$x^2 + y^2 = z^2$$

的一组正整数解,因此我们把这个方程称为商高不定方程. 由于在公元前 500 年,古希腊数学家毕达哥拉斯也得到了这个结论,所以在欧洲人们又把这个方程称为毕达哥拉斯方程.

1. 商高不定方程

下面我们讨论商高不定方程 $x^2 + y^2 = z^2$ 的一切整数解. 先做几点说明:

(1) 显然 $x=0$,$y=0$,$z=0$;$x=0$,$y=\pm z$ 和 $y=0$,$x=\pm z$ 都是方程的解,并且商高不定方程的一切不含 0 的解都可以由它的正整数解给出. 因此假定 $x>0$,$y>0$,$z>0$.

(2) 若 x,y,z 为方程的一组解,则 $(x,y)=(y,z)=(x,z)$,这是因为在商高不定方程中任何两个数的公因数一定是第三个数的公因数,因此当 $(x,y)=d>1$ 时,可以从方程的两端约去 d,所以可再假定 $(x,y)=1$,即 x,y,z 两两互质.

(3) 若 x,y,z 为方程的一组解,且 $(x,y)=1$,则 x,y 必定为一奇一偶. 这是因为在 $(x,y)=1$ 的假定下,x,y 显然不能同偶;若 x,y 同奇,则 z 为偶数,设 $x^2=4m+1$,$y^2=4n+1$,于是 $x^2+y^2=4(m+n)+2$,但 z 为偶数,z^2 只能形如 $4k$,故 $x^2+y^2 \neq z^2$. 由此可见,x,y 必为一奇一偶,不妨设 x 是奇数,y 是偶数,易知 z 是奇数.

商高不定方程的正整数解叫做**勾股数**，互质的勾股数称为商高不定方程的**基本解**. 下面我们在满足上述（1）（2）（3）的条件下，给出商高不定方程的基本解公式.

定理 4.2.1 不定方程
$$x^2 + y^2 = z^2 \tag{1}$$
适合条件

$x>0$，$y>0$，$z>0$；$(x,y)=1$；y 是偶数的一切解可以表示为

$$x = a^2 - b^2,\ y = 2ab,\ z = a^2 + b^2 \tag{2}$$

这里 $a>b>0$，$(a,b)=1$，并且 a，b 为一奇一偶.

证明：先证（2）是（1）的满足条件的解.

因为 $a>b>0$，且 a，b 一奇一偶，由 $x=a^2-b^2$，$y=2ab$，$z=a^2+b^2$，有 $x>0$，$y>0$，$z>0$，y 是偶数，且

$$x^2 + y^2 = (a^2-b^2)^2 + (2ab)^2 = (a^2+b^2)^2 = z^2.$$

下面证明 $(x,y)=1$.

设 $(x,y)=d$，则 $d^2\mid x^2$，$d^2\mid y^2$，有 $d^2\mid(x^2+y^2)$，即 $d^2\mid z^2$. 于是 $d\mid z$，即 $d\mid(a^2+b^2)$.

又因为 $d\mid x$，则 $d\mid(a^2-b^2)$.

由此推出 $d\mid 2a^2$，$d\mid 2b^2$，从而有 $d\mid(2a^2, 2b^2)$，因此 $d\mid 2(a^2,b^2)$. 因为 $(a,b)=1$，所以 $(a^2,b^2)=1$，于是 $d\mid 2$，由此可知 $d=1$ 或 2.

由于 $d\mid x$，而 x 是奇数，所以 $d=1$，即 $(x,y)=1$.

下面证明（1）的适合条件的解一定具有（2）的形式.

设 x，y，z 是（1）的适合条件的解. 则 $x>0$，$y>0$，$z>0$；$(x,y)=1$，y 是偶数，x，z 是奇数.

由 $y^2 = z^2 - x^2$，得

$$\left(\frac{y}{2}\right)^2 = \frac{z+x}{2} \cdot \frac{z-x}{2},$$

所以 $\frac{z+x}{2}$, $\frac{z-x}{2}$ 是整数.

设 $\left(\frac{z+x}{2}, \frac{z-x}{2}\right) = d$, 可推出

$$d \left| \left(\frac{z+x}{2} + \frac{z-x}{2}\right), d \left| \left(\frac{z+x}{2} - \frac{z-x}{2}\right)\right.\right.,$$

所以 $d \mid (x, z)$.

因为 $(x, y) = 1$, 所以 $(x, z) = 1$, 从而有 $d = 1$. 由 $\left(\frac{y}{2}\right)^2 = \frac{z+x}{2} \cdot \frac{z-x}{2}$, 且 $\left(\frac{z+x}{2}, \frac{z-x}{2}\right) = 1$, 可知 $\frac{z+x}{2}$ 和 $\frac{z-x}{2}$ 分别是完全平方数, 设

$$\frac{z+x}{2} = a^2, \frac{z-x}{2} = b^2, a > b > 0.$$

因为 $\left(\frac{z+x}{2}, \frac{z-x}{2}\right) = 1$, 即 $(a^2, b^2) = 1$, 从而有 $(a, b) = 1$, 所以 $z = a^2 + b^2$, $x = a^2 - b^2$, $y = 2ab$.

因为 z 是奇数, 且 $z = a^2 + b^2$, 所以 a, b 的奇偶性相反.

这就证明了 (1) 的适合条件的解必有 (2) 的形式.

综合上面的讨论, 我们可以得到商高不定方程 $x^2 + y^2 = z^2$ 的全部整数解:

(1) 含有零的解:

$$\begin{cases} x = 0 \\ y = \pm a \\ z = \pm a \end{cases} \begin{cases} x = \pm a \\ y = 0 \\ z = \pm a \end{cases} (a \geqslant 0, a \text{ 是整数}).$$

(2) 非零解:

$$\begin{cases} x = \pm k(a^2 - b^2) \\ y = \pm 2kab \\ z = \pm k(a^2 + b^2) \end{cases} \begin{cases} x = \pm 2kab \\ y = \pm k(a^2 - b^2) \\ z = \pm k(a^2 + b^2) \end{cases}$$

其中 a, b 满足定理 4.2.1 中的条件, k 是任意整数, 正负号任意

选取. 显然全部取正号且 $k=1$ 时,就得到了商高不定方程的全部基本解.

例 1 求弦长小于 30 的所有勾股数.

解:由 $a>b>0$,$a^2+b^2<30$,可知 $2 \leqslant a \leqslant 5$. 又因为 a,b 一奇一偶,所以可确定 a,b 的值,并根据公式求出基本解:

a	b	x	y	z
2	1	3	4	5
3	2	5	12	13
4	1	15	8	17
4	3	7	24	25
5	2	21	20	29

以上是五组基本解.

由基本解 $x=3$,$y=4$,$z=5$ 可以得到四组不互质的解:

(x,y,z)	x	y	z
2	6	8	10
3	9	12	15
4	12	16	20
5	15	20	25

由基本解 $x=5$,$y=12$,$z=13$ 可以得到一组不互质的解:

(x,y,z)	x	y	z
2	10	24	26

所以弦长小于 30 的所有勾股数共有以上十组.

例 2 求不定方程 $x^2+y^2=65^2$ 的正整数解.

解:因为 $z=k(a^2+b^2)$(k 是正整数),所以 $65=k(a^2+b^2)$.

由于 $(a,b)=1$，因此 $k\mid 65$，且 $0<k<65$，于是 $k=1,5,13$.

(1) 当 $k=1$ 时，$65=8^2+1^2=7^2+4^2$，

从而有 $\begin{cases}a=8\\b=1\end{cases}$ 和 $\begin{cases}a=7\\b=4\end{cases}$

相应的正整数解有四组：

$$\begin{cases}x=63\\y=16\end{cases} \begin{cases}x=33\\y=56\end{cases} \begin{cases}x=16\\y=63\end{cases} \begin{cases}x=56\\y=33\end{cases}$$

(2) 当 $k=5$ 时，$65=5\times(3^2+2^2)$，

从而有 $\begin{cases}a=3\\b=2\end{cases}$

相应的正整数解有两组：

$$\begin{cases}x=25\\y=60\end{cases} \begin{cases}x=60\\y=25\end{cases}$$

(3) 当 $k=13$ 时，$65=13\times(2^2+1^2)$，

从而有 $\begin{cases}a=2\\b=1\end{cases}$

相应的正整数解有两组：

$$\begin{cases}x=39\\y=52\end{cases} \begin{cases}x=52\\y=39\end{cases}$$

例3 若 x,y,z 是一组勾股数，且 $(x,y)=1$，求证：

(1) x,y 中有 3 和 4 的倍数；

(2) x,y,z 中有 5 的倍数；

(3) $60\mid xyz$.

证明：(1) 由基本解公式，$y=2ab$，a,b 一奇一偶，可知 y 是 4 的倍数.

假设 $3\nmid x$，$3\nmid y$，则 $x\equiv\pm 1\pmod 3$，$y\equiv\pm 1\pmod 3$，因此

$x^2+y^2\equiv 2\equiv -1\pmod 3$，即 $z^2\equiv 2\equiv -1\pmod 3$.

另一方面，不论 z 与 $-1,0,1$ 中的哪一个关于模 3 同余，都有

$z^2 \equiv 0 \pmod{3}$ 或 $z^2 \equiv 1 \pmod{3}$，与 $z^2 \equiv -1 \pmod{3}$ 矛盾. 所以 x, y 中必有一个是 3 的倍数.

(2) 假设 $5 \nmid x, 5 \nmid y, 5 \nmid z$，则 x, y, z 都分别与 $\pm 1, \pm 2$ 中的某一个关于模 5 同余，因此

$x^2 \equiv \pm 1 \pmod{5}$，$y^2 \equiv \pm 1 \pmod{5}$，$z^2 \equiv \pm 1 \pmod{5}$.

于是 $x^2 + y^2$ 与 $-2, 0, 2$ 中的某一个关于模 5 同余，与 $z^2 \equiv \pm 1 \pmod{5}$ 矛盾. 所以 x, y, z 中必有一个是 5 的倍数.

(3) 由(1)(2)知，$3 \mid xyz$，$4 \mid xyz$，$5 \mid xyz$，而 $[3, 4, 5] = 60$，所以 $60 \mid xyz$.

2. 费马大定理

通过前面的讨论我们知道，不定方程

$$x^n + y^n = z^n \qquad (1)$$

当 $n=1$ 和 $n=2$ 时，都有正整数解. 那么当 $n \geq 3$ 时，方程（1）是否有正整数解呢？

1637 年，法国著名数学家费马（Fermat）在一本数学书的空白处写了一段简短的笔记，他指出："把一个立方数分为两个立方数之和，一个四次幂分为两个四次幂之和，或一般地，把一个高于二次的幂分为两个同次的幂的和，这是不可能的. 至于这一点我已发现了一种巧妙的证法，可惜这里的空白地方太小，写不下."这就是著名的费马猜想. 用不定方程表示，费马猜想就是：

当整数 $n > 2$ 时，不定方程 $x^n + y^n = z^n$ 没有正整数解.

在费马提出猜想的几百年里，都没有获得这个猜想的证明. 尽管如此，人们对这个猜想仍然坚信不疑，因此把它称为"费马大定理".

直到 1993 年 6 月，在英国剑桥牛顿数学科学研究所举行的学术讨论会上，英国数学家安德鲁·怀尔斯（Andrew Wiles）宣告对费马大定理作出了证明. 同年 12 月，他又承认在给出的证明中有漏洞. 1994 年，他与另一位数学家 Richard Taylor 合作，最终

证明了这个定理. 至此困扰人们三个世纪之久的费马大定理被彻底解决.

费马大定理的证明涉及数论的其他较为高深的知识,在这里不作介绍. 但在寻找证明定理的过程中,得到了一些很好的方法. 下面我们介绍利用"无穷递降法"证明当 $n=4$ 时,费马定理是正确的. 为此先证明

定理 4.2.2 不定方程
$$x^4 + y^4 = z^2 \tag{1}$$
没有正整数解.

证明:设方程(1)有正整数解,并设(x_0,y_0,z_0)是所有正整数解中 z_0 值最小的解.

若 (x_0,y_0)$=d>1$,则 $d^4 \mid z_0^2$,有 $d^2 \mid z_0$,所以 $\left(\dfrac{x_0}{d}, \dfrac{y_0}{d}, \dfrac{z_0}{d^2}\right)$ 也是方程(1)的一组正整数解,且 $\left(\dfrac{x_0}{d}, \dfrac{y_0}{d}\right)=1$. 因此可设方程(1)有正整数解($x_0$,$y_0$,$z_0$),且满足($x_0$,$y_0$)$=1$.

因为 (x_0^2,y_0^2,z_0) 是 $x^2+y^2=z^2$ 的一组解,所以由商高不定方程基本解公式,不妨设 y_0^2 是偶数,有
$$\begin{cases} x_0^2 = a^2 - b^2 \\ y_0^2 = 2ab \\ z_0^2 = a^2 + b^2 \end{cases} \tag{2}$$
其中 (a,b)$=1$,$a>b>0$,a,b 一奇一偶.

由 $x_0^2 = a^2 - b^2$,有
$$x_0^2 + b^2 = a^2. \tag{3}$$
因为 (a,b)$=1$,所以 (x_0,b)$=1$. 因此 (x_0,b,a) 是方程(3)的一组基本解,其中 a 为奇数. 由此推出 b 为偶数. 由商高不定方程基本解公式有:
$$\begin{cases} x_0 = p^2 - q^2 \\ b = 2pq \\ a = p^2 + q^2 \end{cases} \tag{4}$$

其中 $(p,q)=1$, $p>q>0$, p,q 一奇一偶.

综合（2）（4），有
$$y_0^2 = 4pq(p^2+q^2). \qquad (5)$$
因为 $(p,q)=1$，所以 p,q 均与 p^2+q^2 互质，即 p,q,p^2+q^2 两两互质. 因此由（5）式可知，p,q,p^2+q^2 都是某自然数的平方数. 设
$$p=r^2, q=s^2, p^2+q^2=t^2,$$
有
$$r^4+s^4=t^2.$$
这说明 (r,s,t) 也是方程（1）的一组正整数解，且
$$0<t\leqslant t^2=p^2+q^2=a<a^2+b^2=z_0.$$
这与 z_0 的最小性矛盾.

所以方程（1）没有正整数解.

定理 4.2.2 的证明思想是：假设方程（1）有正整数解 (x_0,y_0,z_0)，则必有 z_0 的最小解，据此设法构造出比它更小的正整数解，从而得到矛盾. 这种方法在证明过程中可以连续使用，因此叫做"**无穷递降法**".

推论 不定方程
$$x^4+y^4=z^4$$
没有正整数解.

证明：设 $x^4+y^4=z^4$ 有正整数解 (x_0,y_0,z_0)，则 (x_0,y_0,z_0^2) 是 $x^4+y^4=z^2$ 的一组正整数解，与定理 4.2.2 矛盾. 所以不定方程 $x^4+y^4=z^4$ 没有正整数解.

3. 某些特殊的高次不定方程

对于一个一般的不定方程，要求它的整数解很困难，因为它们不像二元一次不定方程有常规的解法；但对于某些特殊的高次不定方程，根据具体特点，运用整除性理论、同余理论和有关初等数学

的知识,可以十分有效地求解方程.下面简单介绍几种高次不定方程的初等解法,值得注意的是在实际解题过程中,有时几种方法需要混合使用.

1) 余数分析法.

例 1 已知 m 是形如 $4n+3$ 的整数,求证不定方程 $x^2+y^2=m$ 没有整数解.

证明:设 $m\equiv 3 \pmod 4$,并且有整数 x,y 满足不定方程 $x^2+y^2=m$.

因为对于模 4 来说,x,y 只与 0,1,2,3 中的某一个数同余,所以 x^2,y^2 只能与 0,1 中的某一个数同余.因此 $x^2+y^2\equiv 0$,1 或 2 $\pmod 4$,与 $m\equiv 3\pmod 4$ 矛盾.

故原方程没有整数解.

2) 因式分解法.

例 2 求不定方程 $x^2-3xy+2y^2=3$ 的正整数解.

解:将原方程左边分解因式,得到
$$(x-y)(x-2y)=3,$$
因为 $x>0$,$y>0$,所以有
$$x-y>x-2y>0 \text{ 和 } x-2y<x-y<0$$
两种情况.

根据 $(x-y)(x-2y)=3\times 1=(-1)\times(-3)$,得到
$$\begin{cases}x-y=3\\ x-2y=1\end{cases} \text{ 或 } \begin{cases}x-y=-1\\ x-2y=-3\end{cases}$$

分别解之,得到原方程的两组正整数解为
$$\begin{cases}x=5\\ y=2\end{cases} \quad \begin{cases}x=1\\ y=2\end{cases}$$

3) 约数分析法.

例 3 求不定方程 $x^2-14xy+75=0$ 的正整数解.

解:由原方程得

第四章　不定方程

$$14y = x + \frac{75}{x}.$$

因为 x，y 是正整数，所以 x 是 75 的约数，$x=1$，3，5，15，25，75. 列表计算：

x	1	3	5	15	25	75
$x+\frac{75}{x}$	76	28	20	20	28	76

由于 $x+\frac{75}{x}$ 是 14 的倍数，因此 $x=3$ 和 $x=25$ 时，y 有正整数解.

故原方程的两组正整数解为

$$\begin{cases} x=3 \\ y=2 \end{cases} \qquad \begin{cases} x=25 \\ y=2 \end{cases}$$

例 4　求不定方程 $4x^2-2xy-12x+5y+11=0$ 的整数解.

解：此方程中，y 的次数是一次，将原方程变形为

$$y = \frac{4x^2-12x+11}{2x-5} = \frac{(2x-5)(2x-1)+6}{2x-5}$$

$$= \frac{6}{2x-5} + 2x - 1. \qquad (1)$$

所以 $2x-5$ 应是 6 的约数，即 $2x-5=\pm1$，±2，±3，±6. 又因为 $2x-5$ 是奇数，所以 $2x-5=\pm1$，±3. 将它们分别代入（1）式中，得到原方程的四组整数解：

$$\begin{cases} x=3 \\ y=11 \end{cases} \quad \begin{cases} x=2 \\ y=-3 \end{cases} \quad \begin{cases} x=4 \\ y=9 \end{cases} \quad \begin{cases} x=1 \\ y=-1 \end{cases}$$

4）奇偶分析法.

例 5　求不定方程 $(x-y)^2+2y^2=27$ 的非负整数解.

解：因为 $2y^2$ 是偶数，所以 $(x-y)^2$ 是奇数，即 $x-y$ 是奇数.

由于 $(x-y)^2 \leqslant 27$，因此有 $x-y=\pm1$，±3，±5.

当 $x-y=\pm1$ 时，$y^2=\frac{1}{2}(27-1)=13$，方程无非负整数解.

当 $x-y=\pm 3$ 时，$y^2=\dfrac{1}{2}(27-9)=9$，有两组非负整数解：

$$\begin{cases} x=6 \\ y=3 \end{cases} \quad \begin{cases} x=0 \\ y=3 \end{cases}$$

当 $x-y=\pm 5$ 时，$y^2=\dfrac{1}{2}(27-25)=1$，有一组非负整数解：

$$\begin{cases} x=6 \\ y=1 \end{cases}$$

故原方程有三组非负整数解：

$$\begin{cases} x=6 \\ y=1 \end{cases} \quad \begin{cases} x=6 \\ y=3 \end{cases} \quad \begin{cases} x=0 \\ y=3 \end{cases}$$

例 6 求不定方程 $x^y+1=z$ 的质数解．

解：将 x 分为奇、偶数两种情况讨论．

(1) 若 x 为奇数，则 z 是偶数，又因为 z 是质数，所以有

$$\begin{cases} z=2 \\ x=1 \\ y=1 \end{cases}$$

不符合题意．

(2) 若 x 为偶数，则 $x=2$．

如果 y 是大于 1 的奇数，则 2^y+1 是 3 的倍数，从而推出 z 不是质数．

如果 y 是偶数，则 $y=2$，此时，$2^2+1=5$ 也是质数．

故方程有唯一的质数解：

$$\begin{cases} x=2 \\ y=2 \\ z=5 \end{cases}$$

5）判别式法．

例 7 求不定方程 $x+y=x^2-xy+y^2$ 的整数解．

第四章 不定方程

解：将原方程化为
$$x^2-(y+1)x+y^2-y=0.$$
若方程有整数解，则
$$\Delta=(y+1)^2-4(y^2-y)\geqslant 0,$$
解得
$$\frac{3-2\sqrt{3}}{3}\leqslant y\leqslant\frac{3+2\sqrt{3}}{3},$$
满足此不等式的整数只有 $y=0$，1，2.

当 $y=0$ 时，由原方程可得 $x=0$ 或 1；

当 $y=1$ 时，由原方程可得 $x=2$ 或 0；

当 $y=2$ 时，由原方程可得 $x=1$ 或 2.

所以原方程有六组整数解：

$$\begin{cases}x=0\\y=0\end{cases}\begin{cases}x=1\\y=0\end{cases}\begin{cases}x=2\\y=1\end{cases}\begin{cases}x=0\\y=1\end{cases}\begin{cases}x=1\\y=2\end{cases}\begin{cases}x=2\\y=2\end{cases}$$

习 题 4.2

1. 已知 $x=62$，$y=72$，$z=97$ 是方程 $x^2+y^2=z^2$ 的一组互质的解，求 a，b，并用基本解公式表示这组解.

2. 求方程 $x^2+y^2=z^2$ 满足 $0<z<60$ 的所有互质的正整数解.

3. 已知 $x=105$，求方程 $x^2+y^2=z^2$ 互质的正整数解.

4. 如果直角三角形的三边均为整数，且一边长为 20，求其他两边的长.

5. 边长是整数的直角三角形，当斜边与一直角边之差为 1 时，这直角三角形的三条边可以表示为 $2b+1$，$2b^2+2b$，$2b^2+2b+1$.

6. 证明：方程 $x^4-4y^4=z^2$ 没有正整数解.

7. 设 m 是形如 $9n+4$ 的整数，证明：方程 $x^3+y^3+z^3=m$ 没有整数解.

197

8. 求下列不定方程的正整数解：

(1) $x^2-y^2=105$；

(2) $x^2+y=y^2+x-18$；

(3) $4x^2-4xy-3y^2-77=0$；

(4) $x^2+y^2=170$；

(5) $3x^2-xy+9=0$；

(6) $2(x+y)=xy+7$；

(7) $3x^2+7xy-2x-5y-35=0$；

(8) $2x^2+y^2-2xy-4x-30=0$.

9. 求使 x^2-60 为平方数的 x.

10. 求不定方程 $x(x+y)=z+120$ 的质数解.

第五章　简单连分数

我们已经知道，任一实数可用有限或无限小数表示出来，本章我们将证明任一实数可用有限或无限连分数来表示.

§5.1 有限连分数与有理数

1. 连分数的定义

定义 5.1 设 $a_0, a_1, a_2, \cdots$ 是一个无穷实数列，$a_i > 0$，$i \geqslant 1$. 对给定的 $n \geqslant 0$，我们把表示式

$$a_0 + \cfrac{1}{a_1 + \cfrac{1}{a_2 + \cfrac{1}{a_3 + \cdots + \cfrac{1}{a_n}}}} \tag{1}$$

称为 (n 阶) 有限连分数. 当 a_0 为整数，$a_1, a_2, \cdots, a_n$ 均为正整数时，称为 (n 阶) 有限简单连分数.

为书写方便,通常把(1)式简写为
$$[a_0, a_1, a_2, a_3, \cdots, a_n]. \tag{2}$$

在(1)式(或(2)式)中,当 $n \to \infty$ 时,我们把相应的表示式

$$a_0 + \cfrac{1}{a_1 + \cfrac{1}{a_2 + \cfrac{1}{a_3 + \cdots}}} \tag{3}$$

或

$$[a_0, a_1, a_2, a_3, \cdots] \tag{4}$$

称为无限连分数. 当 a_0 为整数,$a_i (i \geq 1)$ 为正整数时,称为**无限简单连分数**.

2. 有限连分数与有理数

由有限连分数定义,可推出下面的性质:

对任意的整数 $n \geq 1$,$r \geq 1$,有

$$[a_0, a_1, \cdots, a_{n-1}, a_n, \cdots, a_{n+r}]$$
$$= [a_0, a_1, \cdots, a_{n-1}, [a_n, \cdots, a_{n+r}]]$$
$$= \left[a_0, a_1, \cdots, a_{n-1}, a_n + \frac{1}{[a_{n+1}, \cdots, a_{n+r}]}\right]. \tag{5}$$

特别地,有

$$[a_0, a_1, \cdots, a_{n-1}, a_n, a_{n+1}]$$
$$= \left[a_0, a_1, \cdots, a_{n-1}, a_n + \frac{1}{a_{n+1}}\right]. \tag{6}$$

我们可以看到,

$$[a_0] = a_0 = \frac{a_0}{1},$$

$$[a_0, a_1] = a_0 + \frac{1}{a_1} = \frac{a_0 a_1 + 1}{a_1},$$

$$[a_0, a_1, a_2] = \left[a_0, a_1 + \frac{1}{a_2}\right] = \left[a_0, \frac{a_1 a_2 + 1}{a_2}\right]$$

$$= a_0 + \frac{a_2}{a_1 a_2 + 1} = \frac{a_0 a_1 a_2 + a_0 + a_2}{a_1 a_2 + 1},$$

……

显然，$[a_0, a_1, a_2, \cdots, a_n]$（$n \geqslant 0$）是一个分式 $\dfrac{p_n}{q_n}$，其中 p_n 与 q_n 是 $a_0, a_1, a_2, \cdots, a_n$ 的多项式，$\dfrac{p_n}{q_n}$ 是由整数 $a_0, a_1, a_2,$ ……, a_n 经过有限次有理运算所得的结果，所以 $[a_0, a_1, a_2, \cdots, a_n]$ 是一个有理数.

定理 5.1.1　（1）有限连分数 $[a_0, a_1, \cdots, a_n]$ 是一个有理数.

（2）任意一个有理数都可以表示为有限连分数.

证明：（1）显然.

（2）设有理数为 $\dfrac{p}{q}$，其中 $q \geqslant 1$，$(|p|, q) = 1$.

根据辗转相除法，有

$$\frac{p}{q} = a_0 + \frac{r_0}{q} \quad (0 < r_0 < q),$$

$$\frac{q}{r_0} = a_1 + \frac{r_1}{r_0} \quad (0 < r_1 < r_0),$$

……

$$\frac{r_{n-3}}{r_{n-2}} = a_{n-1} + \frac{r_{n-1}}{r_{n-2}} \quad (0 < r_{n-1} < r_{n-2}),$$

$$\frac{r_{n-2}}{r_{n-1}} = a_n, \quad r_n = 0.$$

所以 $\dfrac{p}{q} = [a_0, a_1, \cdots, a_{n-1}, a_n]$.

定理得证.

定理 5.1.1 的证明提供了一种将有理数化成有限连分数的方法.

例 1　计算 $[2, 2, 2, 1, 5]$.

解：$[2, 2, 2, 1, 5]$

$= \left[2, 2, 2, 1+\dfrac{1}{5}\right]$

$= \left[2, 2, 2, \dfrac{6}{5}\right]$

$= \left[2, 2, 2+\dfrac{5}{6}\right]$

$= \left[2, 2, \dfrac{17}{6}\right]$

$= \left[2, 2+\dfrac{6}{17}\right]$

$= \left[2, \dfrac{40}{17}\right]$

$= 2+\dfrac{17}{40}$

$= \dfrac{97}{40}.$

例2 把 $\dfrac{7\,700}{2\,145}$ 化为有限连分数.

解法一： $\dfrac{7\,700}{2\,145}=3+\dfrac{1\,265}{2\,145}=\left[3, \dfrac{2\,145}{1\,265}\right]$

$= \left[3, 1+\dfrac{880}{1\,265}\right]=\left[3, 1, \dfrac{1\,265}{880}\right]$

$= \left[3, 1, 1+\dfrac{385}{880}\right]=\left[3, 1, 1, \dfrac{880}{385}\right]$

$= \left[3, 1, 1, 2+\dfrac{110}{385}\right]=\left[3, 1, 1, 2, \dfrac{385}{110}\right]$

$= \left[3, 1, 1, 2, 3+\dfrac{55}{110}\right]=\left[3, 1, 1, 2, 3, \dfrac{110}{55}\right]$

$= [3, 1, 1, 2, 3, 2].$

解法二：(辗转相除法)

7 700	3	2 145
6 435	1	1 265
1 265	1	880
880	2	770
385	3	110
330	2	110
55		0

各次除法运算所得商依次为 3，1，1，2，3，2，所以

$$\frac{7\ 700}{2\ 145}=[3,1,1,2,3,2].$$

我们可以看到，$\frac{7\ 700}{2\ 145}$ 不是最简分数，$\frac{7\ 700}{2\ 145}=\frac{140}{39}$，将 $\frac{140}{39}$ 化为有限连分数后，它们的展式是一样的，有

$$\frac{7\ 700}{2\ 145}=\frac{140}{39}=[3,1,1,2,3,2].$$

反过来，计算 $[3,1,1,2,3,2]$ 只会得到 $\frac{140}{39}$，这说明计算有限连分数得到的分数总是既约分数（后面将证明）.

由定理 5.1.1 知，任意有理数都能化为有限连分数，那么它的表示法是否唯一呢？显然，根据有限连分数的性质，有 $[a_0, a_1, \cdots, a_{n-1}, a_n] = [a_0, a_1, \cdots, a_{n-1}, (a_n-1)+\frac{1}{1}] = [a_0, a_1, \cdots, a_{n-1}, a_n-1, 1]$，表示法不唯一. 为排除这种干扰，我们规定：有限连分数的最后一个元素 $a_n \neq 1$.

定理 5.1.2 设 $[a_0, a_1, \cdots, a_n]$，$[b_0, b_1, \cdots, b_m]$ 是两个有限简单连分数，$a_n>1$，$b_m>1$. 若

$$[a_0, a_1, \cdots, a_n] = [b_0, b_1, \cdots, b_m], \quad (7)$$

则必有 $m=n$，$a_i=b_i$ $(0 \leqslant i \leqslant n)$.

证明：不妨设 $n \leqslant m$，对 n 用归纳法.

(1) 当 $n=0$ 时，若 $m \geqslant 1$，则
$$a_0 = [b_0, b_1, \cdots, b_m] = [b_0, [b_1, \cdots, b_m]]$$
$$= b_0 + \frac{1}{[b_1, \cdots, b_m]}.$$

由于 $b_m > 1$，所以 $[b_1, \cdots, b_m] > 1$，因此上式不可能成立，这就推出了 $m=0$，$a_0 = b_0$. 于是 $n=0$ 时结论成立.

(2) 假设 $n=k$ 时结论成立，当 $n=k+1$ 时，
$$[a_0, a_1, \cdots, a_{k+1}] = a_0 + \frac{1}{[a_1, \cdots, a_{k+1}]},$$
$$[b_0, b_1, \cdots, b_m] = b_0 + \frac{1}{[b_1, \cdots, b_m]}.$$

由于 $a_{k+1} > 1$，$b_m > 1$，所以 $[a_1, \cdots, a_{k+1}] > 1$，$[b_1, \cdots, b_m] > 1$. 根据（7）（$n=k+1$ 时），可推出 $a_0 = b_0$ 及
$$[a_1, \cdots, a_{k+1}] = [b_1, \cdots, b_m].$$

由归纳假设可知，$m=k+1$，且 $a_i = b_i$ ($1 \leqslant i \leqslant k+1$). 这就说明了当 $n=k+1$ 时结论也成立.

所以结论对一切 $n \geqslant 0$ 都成立. 定理得证.

于是，有理数与有限简单连分数之间有一一对应的关系，即任一有理数 $\frac{p}{q}$ 必可表示为唯一的有限简单连分数，而任一有限简单连分数的值是唯一的一个有理数.

3. 渐近分数

定义 5.2 已知 $a = [a_0, a_1, \cdots, a_n, \cdots]$，如果 $\frac{p_0}{q_0} = [a_0]$，$\frac{p_1}{q_1} = [a_0, a_1]$，$\cdots$，$\frac{p_n}{q_n} = [a_0, a_1, \cdots, a_n]$，那么称 $\frac{p_n}{q_n}$ ($n \geqslant 0$) 为连分数 $[a_0, a_1, \cdots, a_n, \cdots]$ 的第 ($n+1$) 个渐近分数.

在实际应用中，常常需要算出一系列渐近分数的值. 按照前面化连分数为分数的方法一个一个计算，显然比较麻烦. 下面我们讨

第五章 简单连分数

论渐近分数的构成及相邻渐近分数之间的关系.

由渐近分数的定义可以看出，$\dfrac{p_n}{q_n}$ 是 $a_0, a_1, \cdots, a_n$ 的函数，与 $a_{n+1}, a_{n+2}, \cdots$ 无关. 并且由连分数定义，有

$$\dfrac{p_0}{q_0}=\dfrac{a_0}{1}, \quad \dfrac{p_1}{q_1}=\dfrac{a_1 a_0+1}{a_1}, \quad \dfrac{p_2}{q_2}=\dfrac{a_2(a_1 a_0+1)+a_0}{a_2 a_1+1}, \quad \cdots$$

一般地，有

定理 5.1.3 若连分数 $[a_0, a_1, \cdots, a_n, \cdots]$ 的前 $n+1$ 个渐近分数分别是 $\dfrac{p_0}{q_0}, \dfrac{p_1}{q_1}, \cdots, \dfrac{p_n}{q_n}$，则在这些渐近分数之间，下列关系成立：

$$p_0 = a_0, \quad p_1 = a_1 a_0 + 1, \quad p_n = a_n p_{n-1} + p_{n-2},$$
$$q_0 = 1, \quad q_1 = a_1, \quad q_n = a_n q_{n-1} + q_{n-2} \quad (n \geqslant 2).$$

证明：(1) 当 $n=2$ 时，可直接计算得出结论正确.

(2) 假设 $n=k$ 时，结论正确，即

$$\dfrac{p_k}{q_k} = \dfrac{a_k p_{k-1} + p_{k-2}}{a_k q_{k-1} + q_{k-2}}.$$

当 $n=k+1$ 时，

$$\dfrac{p_{k+1}}{q_{k+1}} = [a_0, a_1, \cdots, a_k, a_{k+1}]$$

$$= \left[a_0, a_1, \cdots, a_k + \dfrac{1}{a_{k+1}}\right]$$

$$= \dfrac{\left(a_k + \dfrac{1}{a_{k+1}}\right) p_{k-1} + p_{k-2}}{\left(a_k + \dfrac{1}{a_{k+1}}\right) q_{k-1} + q_{k-2}}$$

$$= \dfrac{a_k a_{k+1} p_{k-1} + p_{k-1} + a_{k+1} p_{k-2}}{a_k a_{k+1} q_{k-1} + q_{k-1} + a_{k+1} q_{k-2}}$$

$$= \dfrac{a_{k+1}(a_k p_{k-1} + p_{k-2}) + p_{k-1}}{a_{k+1}(a_k q_{k-1} + q_{k-2}) + q_{k-1}}$$

$$= \dfrac{a_{k+1} p_k + p_{k-1}}{a_{k+1} q_k + q_{k-1}}.$$

$$= \frac{p_{k+1}}{q_{k+1}}.$$

所以结论对一切 $n \geq 2$ 都成立. 定理得证.

有了渐近分数的递推公式，我们就可以根据 a 的连分数写出它的各个渐近分数. 显然，$\frac{p_n}{q_n}$ 的值就是有限简单连分数 $[a_0, a_1, \cdots, a_n]$ 的值.

例3 计算 $\pi = [3, 7, 15, 1, 292, 1, 1, \cdots]$ 的前 7 个渐近分数的值.

解：列表计算：

n	0	1	2	3	4	5	6
a_n	3	7	15	1	292	1	1
p_n	3	22	333	355	103 993	104 348	208 341
q_n	1	7	106	113	33 102	33 215	66 317
$\frac{p_n}{q_n}$	$\frac{3}{1}$	$\frac{22}{7}$	$\frac{333}{106}$	$\frac{355}{113}$	$\frac{103\ 993}{33\ 102}$	$\frac{104\ 348}{33\ 215}$	$\frac{208\ 341}{66\ 317}$

定理 5.1.4 （1）两相邻的渐近分数之差为

$$\frac{p_n}{q_n} - \frac{p_{n-1}}{q_{n-1}} = \frac{(-1)^{n-1}}{q_n q_{n-1}} \quad (n \geq 1); \tag{8}$$

（2）两相隔的渐近分数之差为

$$\frac{p_n}{q_n} - \frac{p_{n-2}}{q_{n-2}} = \frac{(-1)^n \cdot a_n}{q_n q_{n-2}} \quad (n \geq 2). \tag{9}$$

证明：（1）当 $n=1$ 时，

$$\frac{p_1}{q_1} - \frac{p_0}{q_0} = \frac{p_1 q_0 - p_0 q_1}{q_0 q_1} = \frac{(a_1 a_0 + 1) \times 1 - a_0 a_1}{q_0 q_1}$$

$$= \frac{1}{q_0 q_1} = \frac{(-1)^{1-1}}{q_0 q_1}.$$

结论正确.

假设 $n = k$ 时，结论正确，即

$$\frac{p_k}{q_k} - \frac{p_{k-1}}{q_{k-1}} = \frac{(-1)^{k-1}}{q_k q_{k-1}},$$

也就是
$$p_k q_{k-1} - p_{k-1} q_k = (-1)^{k-1}.$$

当 $n=k+1$ 时,
$$\frac{p_{k+1}}{q_{k+1}} - \frac{p_k}{q_k} = \frac{p_{k+1} q_k - p_k q_{k+1}}{q_k q_{k+1}}$$
$$= \frac{(a_{k+1} p_k + p_{k-1}) q_k - (a_{k+1} q_k + q_{k-1}) p_k}{q_k q_{k+1}}$$
$$= \frac{p_{k-1} q_k - p_k q_{k-1}}{q_k q_{k+1}}$$
$$= \frac{(-1)(-1)^{k-1}}{q_k q_{k+1}}$$
$$= \frac{(-1)^k}{q_k q_{k+1}}.$$

所以结论对一切 $n \geqslant 1$ 都成立.

(2) 由 (8) 式可知:
$$\frac{p_n}{q_n} - \frac{p_{n-1}}{q_{n-1}} = \frac{(-1)^{n-1}}{q_n q_{n-1}},$$
$$\frac{p_{n-1}}{q_{n-1}} - \frac{p_{n-2}}{q_{n-2}} = \frac{(-1)^{n-2}}{q_{n-1} q_{n-2}} = \frac{(-1)^n}{q_{n-1} q_{n-2}}.$$

上两式相加, 得
$$\frac{p_n}{q_n} - \frac{p_{n-2}}{q_{n-2}} = \frac{(-1)^{n-1}}{q_n q_{n-1}} + \frac{(-1)^n}{q_{n-1} q_{n-2}}$$
$$= \frac{(-1)^{n-1} q_{n-2} + (-1)^n q_n}{q_n q_{n-1} q_{n-2}}$$
$$= \frac{(-1)^n (-q_{n-2} + a_n q_{n-1} + q_{n-2})}{q_n q_{n-1} q_{n-2}}$$
$$= \frac{(-1)^n a_n}{q_n q_{n-2}}.$$

定理得证.

定理 5.1.5　（1）当 $n>1$ 时，有 $q_n \geq q_{n-1}+1$，因而对任何 n 来说，$q_n \geq n$；

（2）$\dfrac{p_{2n+1}}{q_{2n+1}} < \dfrac{p_{2n-1}}{q_{2n-1}}$，$\dfrac{p_{2n}}{q_{2n}} > \dfrac{p_{2n-2}}{q_{2n-2}}$，$\dfrac{p_{2n}}{q_{2n}} < \dfrac{p_{2n-1}}{q_{2n-1}}$；

（3）连分数的渐近分数都是既约分数.

证明：（1）因为 $a_n \geq 1$，$q_{n-2} \geq 1$，所以
$$q_n = a_n q_{n-1} + q_{n-2} \geq q_{n-1}+1,$$
进而有
$$q_n \geq q_{n-1}+1 \geq q_{n-2}+1+1 \geq \cdots \geq q_1 + n - 1.$$
因为 $q_1 \geq 1$，所以
$$q_n \geq 1+n-1 = n.$$

（2）由定理 5.1.4 可知，
$$\dfrac{p_{2n+1}}{q_{2n+1}} - \dfrac{p_{2n-1}}{q_{2n-1}} = \dfrac{(-1)^{2n+1} a_{2n+1}}{q_{2n+1} q_{2n-1}} < 0,$$
$$\dfrac{p_{2n}}{q_{2n}} - \dfrac{p_{2n-2}}{q_{2n-2}} = \dfrac{(-1)^{2n} a_{2n}}{q_{2n} q_{2n-2}} > 0,$$
所以
$$\dfrac{p_{2n+1}}{q_{2n+1}} < \dfrac{p_{2n-1}}{q_{2n-1}}, \dfrac{p_{2n}}{q_{2n}} > \dfrac{p_{2n-2}}{q_{2n-2}},$$
即奇数阶渐近分数序列为递减数列：
$$\dfrac{p_1}{q_1} > \dfrac{p_3}{q_3} > \dfrac{p_5}{q_5} > \cdots > \dfrac{p_{2n-1}}{q_{2n-1}} > \dfrac{p_{2n+1}}{q_{2n+1}} > \cdots$$
偶数阶渐近分数序列为递增数列：
$$\dfrac{p_0}{q_0} < \dfrac{p_2}{q_2} < \dfrac{p_4}{q_4} < \cdots < \dfrac{p_{2n-2}}{q_{2n-2}} < \dfrac{p_{2n}}{q_{2n}} < \cdots$$
又因为
$$\dfrac{p_{2n}}{q_{2n}} - \dfrac{p_{2n-1}}{q_{2n-1}} = \dfrac{(-1)^{2n-1}}{q_{2n} q_{2n-1}} = \dfrac{1}{q_{2n} q_{2n-1}} < 0,$$
所以

第五章 简单连分数

$$\frac{p_{2n}}{q_{2n}} < \frac{p_{2n-1}}{q_{2n-1}}.$$

(3) 由定理 5.1.4 可知,

$$p_n q_{n-1} - p_{n-1} q_n = (-1)^{n-1},$$

若 $(p_n, q_n) = d > 1$,则 $d \mid (-1)^{n-1}$. 这是不可能的. 所以 $(p_n, q_n) = 1$,即 $\dfrac{p_n}{q_n}$ 为既约分数.

定理得证.

习 题 5.1

1. 计算下列有限连分数的值:

(1) $[3, 1, 1, 2]$; (2) $[-5, 1, 1, 2, 3, 4]$;

(3) $[0, 1, 2, 1, 2, 1, 2]$; (4) $[2, 3, 5, 2, 3, 5, 2]$;

(5) $[1, 2, 3, 4, 5, 6]$; (6) $[2, 1, 2, 1, 1, 4]$.

2. 将下列有理数表示为有限连分数:

(1) $\dfrac{121}{21}$; (2) $\dfrac{290}{81}$;

(3) $-\dfrac{100}{9}$; (4) 2.23;

(5) -0.77; (6) 0.48.

3. 求下列分数的各个渐近分数:

(1) $\dfrac{205}{93}$; (2) $\dfrac{2\,065}{902}$.

4. 计算有限连分数 $a = [0, 1, 1, 1, 1, 1, 1, 1, 2]$ 及各渐近分数的值.

5. 计算 $\sqrt{2} = [1, 2, 2, 2, \cdots]$ 的前 10 个渐近分数的值,并验证前 10 个渐近分数间有下列关系:

$$\frac{p_0}{q_0} < \frac{p_2}{q_2} < \frac{p_4}{q_4} < \frac{p_6}{q_6} < \frac{p_8}{q_8} < \frac{p_9}{q_9} < \frac{p_7}{q_7} < \frac{p_5}{q_5} < \frac{p_3}{q_3} < \frac{p_1}{q_1}.$$

§5.2 无限连分数与无理数

1. 无限连分数的性质

定理 5.2.1 无限连分数 $[a_0, a_1, \cdots, a_n, \cdots]$ 的渐近分数序列 $\dfrac{p_0}{q_0}, \dfrac{p_1}{q_1}, \cdots, \dfrac{p_n}{q_n}, \cdots$ 的极限存在. 若 $\lim\limits_{n\to\infty}\dfrac{p_n}{q_n}=\alpha$, 则 $\dfrac{p_0}{q_0} < \dfrac{p_2}{q_2} < \cdots < \dfrac{p_{2n}}{q_{2n}} < \cdots < \alpha < \cdots < \dfrac{p_{2n+1}}{q_{2n+1}} < \cdots < \dfrac{p_3}{q_3} < \dfrac{p_1}{q_1}$, 且 α 是无理数.

证明：由定理 5.1.4 和定理 5.1.5, 有

$$\frac{p_{2n+1}}{q_{2n+1}} - \frac{p_{2n}}{q_{2n}} = \frac{(-1)^{2n}}{q_{2n+1}q_{2n}} > 0,$$

且

$$\frac{p_0}{q_0} < \frac{p_2}{q_2} < \cdots < \frac{p_{2n-2}}{q_{2n-2}} < \frac{p_{2n}}{q_{2n}} < \frac{p_{2n+1}}{q_{2n+1}} < \frac{p_{2n-1}}{q_{2n-1}} < \cdots < \frac{p_3}{q_3} < \frac{p_1}{q_1},$$

所以渐近分数序列 $\dfrac{p_0}{q_0}, \dfrac{p_2}{q_2}, \cdots, \dfrac{p_{2n-2}}{q_{2n-2}}, \dfrac{p_{2n}}{q_{2n}}, \cdots$ 是递增有界序列，从而极限存在；渐近分数序列 $\dfrac{p_1}{q_1}, \dfrac{p_3}{q_3}, \cdots, \dfrac{p_{2n-1}}{q_{2n-1}}, \dfrac{p_{2n+1}}{q_{2n+1}}, \cdots$ 是递减有界序列，从而极限存在.

又由定理 5.1.4 和定理 5.1.5 知，当 $n\to\infty$ 时，

$$\left|\frac{p_{2n+1}}{q_{2n+1}} - \frac{p_{2n}}{q_{2n}}\right| = \frac{1}{q_{2n+1}q_{2n}} \leq \frac{1}{(2n+1)\cdot 2n} \to 0$$

所以这两个极限不仅存在，而且相等，即

$$\lim_{n\to\infty}\frac{p_{2n+1}}{q_{2n+1}} = \lim_{n\to\infty}\frac{p_{2n}}{q_{2n}} = \lim_{n\to\infty}\frac{p_n}{q_n}.$$

令 $\lim\limits_{n\to\infty}\dfrac{p_n}{q_n}=\alpha$, 有

$$\frac{p_0}{q_0} < \frac{p_2}{q_2} < \cdots < \frac{p_{2n}}{q_{2n}} < \cdots < \alpha < \cdots < \frac{p_{2n+1}}{q_{2n+1}} < \cdots < \frac{p_3}{q_3} < \frac{p_1}{q_1}.$$

下面证明 α 是无理数.

设 $\alpha = \dfrac{p}{q}$ ($p, q \in \mathbf{Z}$) 是有理数. 因为 α 位于 $\dfrac{p_n}{q_n}$ 和 $\dfrac{p_{n+1}}{q_{n+1}}$ 之间,所以对任意的正整数 n,都有

$$\left| \alpha - \frac{p_n}{q_n} \right| < \left| \frac{p_{n+1}}{q_{n+1}} - \frac{p_n}{q_n} \right| = \frac{1}{q_n q_{n+1}}.$$

于是

$$0 < \left| \frac{p}{q} - \frac{p_n}{q_n} \right| = \left| \frac{pq_n - qp_n}{qq_n} \right| = \left| \frac{pq_n - qp_n}{q} \right| \frac{1}{q_n} < \frac{1}{qq_n},$$

所以

$$0 < \left| \frac{pq_n - qp_n}{q} \right| < \frac{1}{q_{n+1}},$$

由于 $|pq_n - qp_n|$ 是整数,且 $\left|\dfrac{pq_n - qp_n}{q}\right| > 0$,因此 $|pq_n - qp_n| \geq 1$,从而推出 $|q| > q_{n+1}$.

因为

$$1 = q_0 \leq a_1 = q_1 < q_2 < \cdots < q_n < \cdots,$$

当 $n \to \infty$ 时, $q_n \to +\infty$,这与 $q_{n+1} < |q|$ 矛盾.

所以 α 是无理数,定理得证.

从上面的定理可知,无限连分数的渐近分数的极限存在,且为一无理数. 我们称

$$\alpha = \lim_{n \to \infty} \frac{p_n}{q_n}$$

为无限连分数 $[a_0, a_1, \cdots, a_n, \cdots]$ 的值,记为

$$\alpha = [a_0, a_1, \cdots, a_n, \cdots].$$

由此可得下面的定理:

定理 5.2.2 任意一个无限连分数 $[a_0, a_1, \cdots, a_n, \cdots]$ 是一个无理数.

反过来，任意一个无理数是否可以表示为一个无限连分数呢？

设 α 是无理数，取 $a_0=[\alpha]$（取整函数），则由 $\alpha=a_0+\{\alpha\}$，$0<\{\alpha\}<1$，得

$$\alpha=a_0+\frac{1}{\alpha_0},\ a_0=[\alpha],\ \alpha_0=\frac{1}{\{\alpha\}}>1.$$

$$\alpha_0=a_1+\frac{1}{\alpha_1},\ a_1=[\alpha_0],\ \alpha_1=\frac{1}{\{\alpha_0\}}>1,$$

$$\alpha_1=a_2+\frac{1}{\alpha_2},\ a_2=[\alpha_1],\ \alpha_2=\frac{1}{\{\alpha_1\}}>1,$$

……

$$\alpha_{n-1}=a_n+\frac{1}{\alpha_n},\ a_n=[\alpha_{n-1}],\ \alpha_n=\frac{1}{\{\alpha_{n-1}\}}>1,\quad (1)$$

……

故 $\alpha=[a_0,a_1,\cdots,a_n,\alpha_n]$，由（1）式及定理 5.1.3 知

$$\alpha=\frac{a_0\alpha_0+1}{\alpha_0},\ \alpha=\frac{\alpha_n p_n+p_{n-1}}{\alpha_n q_n+q_{n-1}}(n=1,2,\cdots),\quad (2)$$

其中 $\frac{p_n}{q_n}(n=1,2,\cdots)$ 是 α 的渐近分数.

定理 5.2.3 任意一个无理数可表示成无限连分数.

证明：设 α 是任一无理数，我们可以得出（1）式，下面证明

$$\lim_{n\to\infty}[a_0,a_1,\cdots,a_n]=\alpha.$$

由（2）式及定理 5.1.4 知

$$\alpha-\frac{p_n}{q_n}=\frac{\alpha_n p_n+p_{n-1}}{\alpha_n q_n+q_{n-1}}-\frac{p_n}{q_n}=\frac{(-1)^n}{q_n(\alpha_n q_n+q_{n-1})},$$

但 $\alpha_n>a_{n+1}$，故 $\alpha_n q_n+q_{n-1}>q_{n+1}$. 因此由定理 5.1.5 知

$$\left|\alpha-\frac{p_n}{q_n}\right|<\frac{1}{n(n+1)}.$$

当 $n\to\infty$ 时，$\frac{1}{n(n+1)}\to 0$，故 $\lim_{n\to\infty}\frac{p_n}{q_n}=\alpha$.

所以 $\alpha=[a_0,a_1,a_2,\cdots]$，又因为 $a_n=[\alpha_{n-1}]\geqslant 1\ (n\geqslant 1)$，

定理得证.

定理 5.2.4 每一无理数只有唯一一种方法表示成无限简单连分数.

证明：设 α 是一无理数.

因为有限简单连分数表示有理数，所以无理数只能表示成无限简单连分数.

设 $\alpha = [a_0, a_1, a_2, \cdots, a_k, \cdots] = [b_0, b_1, b_2, \cdots, b_k, \cdots]$，现证明 $a_k = b_k$ ($k = 0, 1, 2, \cdots$). 令

$$\alpha_k = [a_k, a_{k+1}, \cdots], \quad \beta_k = [b_k, b_{k+1}, \cdots],$$

则 $\alpha_k = a_k + \dfrac{1}{\alpha_{k+1}}$，$\alpha_{k+1} > 1$. $\beta_k = b_k + \dfrac{1}{\beta_{k+1}}$，$\beta_{k+1} > 1$. 故

$$a_k = [\alpha_k], b_k = [\beta_k].$$

由 $a_0 = [\alpha]$，$b_0 = [\alpha]$，有 $a_0 = b_0$，及 $\alpha_1 = \beta_1$.

假设 $a_j = b_j$ 及 $\alpha_j = \beta_j$ ($j = 0, 1, 2, \cdots, k, k \geq 1$)，则由 $\alpha_k = a_k + \dfrac{1}{\alpha_{k+1}}$，$\beta_k = b_k + \dfrac{1}{\beta_{k+1}}$，得 $\alpha_{k+1} = \beta_{k+1}$，从而有

$$a_{k+1} = [\alpha_{k+1}] = [\beta_{k+1}] = b_{k+1}.$$

所以由数学归纳法可知，对于任何正整数 k，$a_k = b_k$，即 $[a_0, a_1, a_2, \cdots, a_k, \cdots]$ 与 $[b_0, b_1, b_2, \cdots, b_k, \cdots]$ 表示同一连分数.

定理得证.

通过以上讨论可知，无理数与无限连分数之间有一一对应关系，即任意一个无理数 α 必可表示为唯一的一个无限连分数，而任意一个无限连分数的值是唯一确定的一个无理数.

下面我们说明连分数在求实数的有理近似值方面的用处.

定理 5.2.5 若 α 是任一实数，$\dfrac{p_n}{q_n}$ 是 α 的第 n 个渐近分数，则在分母不大于 q_n 的一切有理数中，$\dfrac{p_n}{q_n}$ 是 α 的最接近的有理近似值

(最佳逼近),即若 $0 < q \leqslant q_n$,则 $\left|\alpha - \dfrac{p_n}{q_n}\right| \leqslant \left|\alpha - \dfrac{p}{q}\right|$ ($p \in \mathbf{Z}$).

定理 5.2.6 实数 α 与其渐近分数间,有
$$\left|\alpha - \frac{p_n}{q_n}\right| < \frac{1}{q_n q_{n+1}}.$$

定理 5.2.5 和定理 5.2.6 的证明较复杂,在此省略.定理 5.2.6 常被用来作实数 α 与其近似值间的误差估计.

2. 循环连分数

定义 5.3 设无限连分数 $\alpha = [a_0, a_1, a_2, \cdots]$,如果存在 $m \geqslant 0$,使得对这个 m 存在正整数 k,当 $n \geqslant m$ 时,总有
$$a_{n+k} = a_n, \tag{3}$$
那么称 α 为循环连分数;如果可取 $m = 0$,使(3)式成立,则称 α 为纯循环连分数.

为简便起见,我们把使(3)式成立的 α 记作
$$\alpha = [a_0, a_1, \cdots, a_{m-1}, \dot{a}_m, \cdots, \dot{a}_{m+k-1}].$$

显然,循环连分数的表示式是不唯一的.如 $[4, 1, 2, 5, 3, 2, 5, 3, \cdots] = [4, 1, \dot{2}, 5, \dot{3}] = [4, 1, 2, \dot{5}, 3, \dot{2}] = \cdots$,$[2, 5, 3, 2, 5, 3, \cdots] = [\dot{2}, 5, \dot{3}] = [\dot{2}, 5, 3, 2, 5, \dot{3}] = \cdots$.

同样,使(3)式成立的 k 的取法也是不唯一的,我们将使(3)式成立的正整数 k 中的最小值 l 称为循环连分数的周期.

此外,当 α 是循环连分数时,必有最小的 $m_0 \geqslant 0$,使(3)式成立. 也就是说当 $m \geqslant m_0$ 时,α_m 是纯循环连分数,当 $m < m_0$ 时,α_m 一定不是纯循环连分数. 这样每个循环连分数必可惟一地表示为 $\alpha = [a_0, a_1, a_2, \cdots] = [a_0, a_1, \cdots, a_{m_0 - 1}, \alpha_{m_0}]$. 这里 α_{m_0} 是纯循环连分数,而任一 $\alpha_m (m < m_0)$ 一定不是纯循环连分数. α_{m_0} 称为 α 的最大纯循环部分. 显然,最大纯循环连分数 α_{m_0} 的周期 l 就是循

环连分数 α 的周期. 这样每个循环连分数 α 必可唯一地表示为
$$\alpha = [a_0, \cdots, a_{m_0-1}, \dot{a}_{m_0}, \cdots, \dot{a}_{m_0+l-1}].$$
这里 $\alpha_{m_0} = [\dot{a}_{m_0}, \cdots, \dot{a}_{m_0+l-1}]$ 是 α 的最大纯循环部分，l 是它的周期.

我们还可以证明：当且仅当 α 是二次无理数（整系数二次方程 $ax^2+bx+c=0$ 的无理根）时，它的连分数展开式是循环连分数. 这个结论称为拉格朗日（Lagrange）定理.

3. 无理数与无限连分数的互化

例 1 求 $[1, 1, 1, 1, \cdots]$ 的值.

解：设 $[1, 1, 1, 1, \cdots] = \theta$，则
$$\theta = 1 + \frac{1}{\theta},$$
所以 $\theta^2 - \theta - 1 = 0$，有 $\theta = \dfrac{1 \pm \sqrt{5}}{2}$. 由于 $\theta > 0$，于是
$$\theta = \frac{1+\sqrt{5}}{2}.$$

例 2 求 $[-1, 3, 1, 2, 4, 1, 2, 4, \cdots]$ 的值.

解：设 $[-1, 3, \dot{1}, 2, \dot{4}] = [-1, 3, \theta]$，则
$$\theta = [1, 2, 4, \theta] = 1 + \cfrac{1}{2 + \cfrac{1}{4 + \cfrac{1}{\theta}}}.$$

于是得到一个关于 θ 的二次方程：
$$9\theta^2 - 11\theta - 3 = 0.$$

得到它的非负根
$$\theta = \frac{11 + \sqrt{229}}{18},$$

所以

$$[-1,3,\theta] = -1 + \cfrac{1}{3 + \cfrac{1}{\theta}}$$

$$= -1 + \cfrac{1}{3 + \cfrac{1}{\cfrac{11+\sqrt{229}}{18}}} = -1 + \cfrac{1}{3 + \cfrac{\sqrt{229}-11}{6}}$$

$$= -1 + \cfrac{6}{\sqrt{229}+7} = \cfrac{\sqrt{229}-37}{30}.$$

例3 把 $\sqrt{8}$ 表示为无限连分数.

解：根据 §5.2 中的 (1) 式, 可得：

取 $a_1 = [\sqrt{8}] = 2$, 所以 $\sqrt{8} = 2 + (\sqrt{8}-2) = 2 + \dfrac{4}{\sqrt{8}+2} = 2 + \dfrac{1}{\dfrac{\sqrt{8}+2}{4}}$;

取 $a_2 = \left[\dfrac{\sqrt{8}+2}{4}\right] = 1$, 所以 $\dfrac{\sqrt{8}+2}{4} = 1 + \dfrac{\sqrt{8}-2}{4} = 1 + \dfrac{1}{\sqrt{8}+2}$;

取 $a_3 = [\sqrt{8}+2] = 4$, 所以 $\sqrt{8}+2 = 4 + (\sqrt{8}-2) = 4 + \dfrac{1}{\dfrac{\sqrt{8}+2}{4}}$;

……

可以发现, 从 a_4 开始, 再往下进行都是重复得到 a_2, a_3 的过程, 即从 a_4 开始, 总是 1, 4 重复出现. 所以

$$\sqrt{8} = [2, 1, 4, 1, 4, \cdots] = [2, \dot{1}, \dot{4}].$$

例4 求 $\sqrt{8}$ 的精确到小数点后六位的有理近似值.

解：由计算可知

$$\sqrt{8} = [2, 1, 4, 1, 4, \cdots].$$

因此可列表求出 p_n, q_n,

第五章 简单连分数

n	0	1	2	3	4	5	6	7	8	9	⋯
a_n	2	1	4	1	4	1	4	1	4	1	⋯
p_n	2	3	14	17	82	99	478	577	2 786	3 363	⋯
q_n	1	1	5	6	29	35	169	204	985	1 189	⋯

由定理 5.2.6，经代入数值检验可知：

$$\left|\sqrt{8}-\frac{p_8}{q_8}\right|<\frac{1}{985\times 1\,189}<10^{-6},$$

所以 $\dfrac{2\,786}{985}$ 为所求.

4. 连分数的一些应用

作为连分数知识的一个应用，我们首先说明如何用连分数求解二元一次不定方程.

设二元一次不定方程.

$$ax+by=c(b>0,(|a|,b)=1\text{ 且 }a,b,c\in \mathbf{Z}).$$

把 $\dfrac{a}{b}$ 化为连分数，

$$\frac{a}{b}=[a_0,a_1,\cdots,a_n]=\frac{p_n}{q_n}.$$

因为 $\dfrac{p_n}{q_n}-\dfrac{p_{n-1}}{q_{n-1}}=\dfrac{(-1)^{n-1}}{q_nq_{n-1}}$，而 $p_n=a$，$q_n=b$，所以

$$aq_{n-1}-bp_{n-1}=(-1)^{n-1},$$

两边同乘以 $(-1)^{n-1}c$，得

$$(-1)^{n-1}acq_{n-1}+(-1)^nbcp_{n-1}=c.$$

同方程 $ax+by=c$ 相比较，知

$$\begin{cases}x_0=(-1)^{n-1}cq_{n-1}\\ y_0=(-1)^ncp_{n-1}\end{cases}$$

是方程的一个特解，所以方程 $ax+by=c$ 的通解为

217

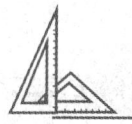

$$\begin{cases} x = (-1)^{n-1}cq_{n-1} + bt \\ y = (-1)^{n}cp_{n-1} - at \end{cases} \quad (t \text{ 是整数}).$$

例5 求方程 $41x+16y=5$ 的整数解.

解：因为 $\dfrac{41}{16}=[2,1,1,3,2]=\dfrac{p_4}{q_4}$，由 $p_0=2$，$p_1=3$，$p_2=5$，$p_3=18$；$q_0=1$，$q_1=1$，$q_2=2$，$q_3=7$，可知 $\dfrac{p_3}{q_3}=\dfrac{18}{7}$.

所以方程的通解为

$$\begin{cases} x = (-1)^3 \times 5 \times 7 + 16t \\ y = (-1)^4 \times 5 \times 18 - 41t \end{cases} \quad (t \text{ 是整数}).$$

即

$$\begin{cases} x = -35 + 16t \\ y = 90 - 41t \end{cases} \quad (t \text{ 是整数}).$$

例6 运用连分数的知识说明为什么"四年一闰，百年少一闰，四百年又加一闰"？

解：地球绕太阳一周所需时间是 365 天 5 小时 48 分 46 秒，即

$$365 + \frac{5}{24} + \frac{48}{60 \times 24} + \frac{46}{60 \times 60 \times 24} = 365\frac{10\,463}{43\,200}(\text{天}),$$

将其展开为连分数，得

$$365\frac{10\,463}{43\,200}=[365,4,7,1,3,5,64],$$

它的渐近分数分别为

$$\frac{365}{1},\ 365\frac{1}{4},\ 365\frac{7}{29},\ 365\frac{8}{33},\ 365\frac{31}{128},\ 365\frac{163}{673},\ 365\frac{10\,463}{43\,200}.$$

这些渐近分数，每一个都比前一个更接近于地球绕太阳运行一周所需的时间. 换句话说，它们对 $365\dfrac{10\,463}{43\,200}$ 给出了越来越好的逼近.

$\dfrac{p_0}{q_0}=365(\text{天})$，是第一个近似值，表示平年的天数.

$\dfrac{p_1}{q_1}=365\dfrac{1}{4}$（天），表示每 4 年加 1 天，这就是"四年一闰"的道理．当然这还是不精确的．

$\dfrac{p_2}{q_2}=365\dfrac{7}{29}$（天）和 $\dfrac{p_3}{q_3}=365\dfrac{8}{33}$（天），表示如果每 29 年加 7 天就相对精确些，而每 33 年加 8 天就又精确些；于是每 99 年里只加 24 天，可知"百年少一闰"比仅"四年一闰"更精确些．

$\dfrac{p_4}{q_4}=365\dfrac{31}{128}$（天），说明如果更精确的话，每 128 年要加 31 天．于是在 128 年中，前三个 33 年各加 8 天，后 29 年加 7 天．在 400 年里有三个 128 年和四个 4 年，所以 400 年里应加（31×3+1×4＝）97 天．（按前面"百年少一闰"的规定，400 年应加 24×4＝96 天）这就是"四年一闰，百年少一闰，四百年又加一闰"的由来．

运用连分数求其渐近分数的方法在历法及其天文学中还有很多应用，这里不再一一介绍了．

下面通过"黄金分割"介绍优选法中分数法的来历．

所谓"**黄金分割**"，就是"把已知线段分成两部分，使较长部分为全线段与较短部分的比例中项．"

如图 5-2-1，设已知线段的长度为 1，分成 x 和 $1-x$ 两部分，那么有
$$x^2=1\times(1-x).$$

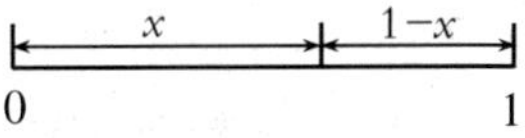

图 5-2-1

解一元二次方程
$$x^2+x-1=0,$$
得此方程的非负解
$$x=\dfrac{\sqrt{5}-1}{2}=0.618\,033\,988\,7\cdots.$$

人们常把 $x\approx 0.618$ 称为"黄金数"．

现在用 $\dfrac{\sqrt{5}-1}{2}$ 的渐近分数表示 $\dfrac{\sqrt{5}-1}{2}$ 的近似值．

将 $\frac{\sqrt{5}-1}{2}$ 化为循环连分数,有

$$\frac{\sqrt{5}-1}{2} = [0, 1, 1, 1, \cdots] = [0, \dot{1}].$$

计算其各阶渐近分数,得

$\frac{p_0}{q_0} = 0$, $\frac{p_1}{q_1} = 1$, $\frac{p_2}{q_2} = \frac{1}{2}$, $\frac{p_3}{q_3} = \frac{2}{3}$, $\frac{p_4}{q_4} = \frac{3}{5}$, $\frac{p_5}{q_5} = \frac{5}{8}$, $\frac{p_6}{q_6} = \frac{8}{13}$, $\frac{p_7}{q_7} = \frac{13}{21}$, $\frac{p_8}{q_8} = \frac{21}{34}$, $\frac{p_9}{q_9} = \frac{34}{55}$, $\frac{p_{10}}{q_{10}} = \frac{55}{89}$, $\cdots$,

这就是优选法分数法中分数序列

$$\frac{1}{1}, \frac{1}{2}, \frac{2}{3}, \frac{3}{5}, \frac{5}{8}, \frac{8}{13}, \frac{13}{21}, \frac{21}{34}, \frac{34}{55}, \frac{55}{89}, \cdots$$

的由来.

这些分数分别是下述数列相邻两项的比:

$$1, 1, 2, 3, 5, 8, 13, 21, 34, 55, 89, \cdots,$$

这个数列从第三项开始,每一项是前两项之和. 此数列以意大利数学家斐波那契的名字命名而著称.

习题 5.2

1. 求下列无限连分数的值:

(1) $[2, 3, 2, 3, \cdots]$;

(2) $[1, 2, 3, 1, 2, 3, \cdots]$;

(3) $[4, 8, 8, 8, \cdots]$;

(4) $[2, 3, 1, 1, 1, \cdots]$;

(5) $[0, 2, 1, 3, 1, 3, \cdots]$;

(6) $[-2, 2, 1, 2, 1, \cdots]$.

2. 将下列无理数表示为无限连分数:

(1) $\sqrt{3}$;　　(2) $\sqrt{6}$;　　(3) $\sqrt{11}$;　　(4) $\frac{5+\sqrt{37}}{3}$.

3. 将 $3\sqrt{2}$ 展为无限连分数,然后求出前四个渐近分数,并估计用第三个渐近分数表示 $3\sqrt{2}$ 的误差范围,从而给出 $3\sqrt{2}$ 的近似值.

4. 利用连分数解不定方程:

(1) $21x+8y=7$; (2) $34x+9y=4$;

(3) $205x-93y=1$; (4) $517x-323y=31$.

5. 农历的历年长度是以地球绕太阳的周期(回归年)为准的,但一回归年是 365.242 2 日. 如果农历固定每年都是 12 个月,每个朔望月平均约 29.5 天,则 1 年只有 354 天左右,和一回归年相差 11 天左右. 古代天文学家考虑到这一点,在编制农历时为使一月中任何一天都含有月相的意义(如初一都是无月的夜晚,十五都是圆月),就以朔望月为主,同时兼顾季节时令,采用了"19 年 7 闰"的方法,使其和回归年相符. 试说明"19 年 7 闰"的道理.

(注:朔望月指的是出现相同月面所间隔的时间,也就是从满月(望)到下一个满月,从新月(朔)到下一个新月所间隔的时间. 一个朔望月包含的天数不是整数,它的平均值是 29.530 6 日.)